ANÁLISIS DE LA ACTIVIDAD ASISTENCIAL DEL SERVICIO DE MEDICINA INTERNA DEL HOSPITAL "SAN JUAN DE LA CRUZ"

AUTORES

JOSÉ MARÍA ESPINAR MARTÍNEZ

GLORIA RODRÍGUEZ CORTÉS

ISBN: 978-1-291-02965-9

ÍNDICE

Capítulo I: Introducción

Capítulo II: Cardiología

Capítulo III: Hematología

Capítulo IV: Nefrología

Capítulo V: Endocrinología

Capítulo VI: Oncología

Capítulo VII: Infecciosos

Capítulo VIII: Neumología

Capítulo IX: Neurología

Capítulo X: Gastroenterología

Capítulo XI: Éxitus

Bibliografía

INTRODUCCIÓN

La medicina interna es una especialidad de la medicina que se centra en estudiar la zona troncal del paciente, por tanto, se encarga casi de cualquier problema de salud que afecte a un órgano ubicado en el interior del tronco, por lo que también se puede ocupar de tratar un embarazo.

La medicina interna está recomendada para **tratar a cualquier paciente**, ya sean hombres, mujeres, jóvenes, adultos o pacientes de la tercera edad. Los únicos que no pueden ser atendidos con la medicina interna son los niños.

Muchos pacientes que empezaron a tratarse con estos médicos, después de ver los resultados han decidido que ellos fueran sus **médicos de cabecera**, ya que, aunque su nombre se refiera a estudios internos, estos tipos de médicos también atienden cuestiones externas, por lo que pueden ser un médico primario sin ningún inconveniente (aunque lo más normal es que los médicos internistas trabajen en hospitales).

Además, los médicos que se especializan en este tipo de medicina, son los más recomendados para los pacientes a los cuales se les ha creado una incógnita medica, ya que estos profesionales tienen una gran cantidad de estudios que le permiten descubrir y dar en el punto justo con casi cualquier enfermedad.

La medicina interna es una especialidad médica que se dedica a la atención integral del adulto enfermo ingresado en un hospital, enfocada al diagnóstico y el tratamiento no quirúrgico de las enfermedades que afectan a sus órganos y sistemas internos, y a su prevención. El médico que ejerce la especialidad "medicina interna" se llama *médico internista*.

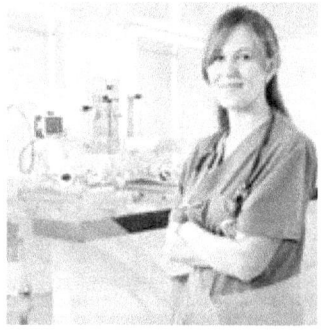

Este servicio está conformado por un equipo de profesionales que maneja las patologías crónicas y sus fases agudas con el apoyo de subespecialidades que garantizan un manejo integral.

CARACTERÍSTICAS

- La Medicina Interna abarca todas las patologías médicas del paciente **adolescente** y **adulto** hasta el **adulto mayor** (se abstiene de tratar a los niños),

- **No** es **quirúrgica** ni es **invasiva**.

- Trata **ambos sexos sin discriminación**

- Cubre las enfermedades de todos los sistemas y órganos y, sobre todo, las de los **pacientes** con **patologías complejas** o de **múltiples órganos**.

- Su **nivel de atención** es preferentemente curativa y su **nivel de prevención** secundario aunque engloba el conocimiento de la atención primaria.

- Intenta incorporar al conocimiento clínico de las enfermedades y a su tratamiento los progresos de las ciencias

SUBESPECIALIDADES MÉDICAS

La Medicina Interna es una de las especialidades troncales de la Medicina, de ella, derivan las subespecialidades médicas.

Estas pueden ser orientadas a:

- La patología de órganos específicos: neumología y cardiología.
- A sistemas: inmunología
- A grupos de edad: medicina del adolescente, geriatría y medicina del embarazo.

En los siguientes apartados estudiaremos las diferentes variables de las personas que estuvieron ingresadas en medicina interna durante los primeros meses del año 2010. En este año estuvieron ingresadas 3452 personas, de las cuales hemos escogido 1000 para realizar este estudio.

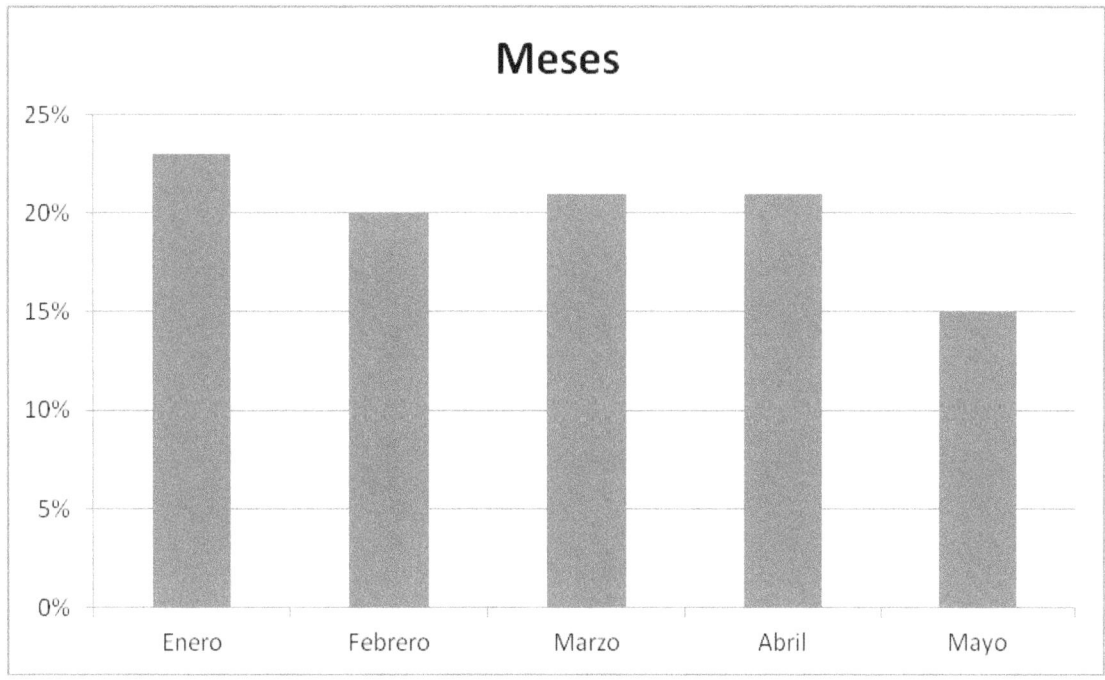

En esta grafica podemos observar que no hay mucha diferencia entre los cincos primeros meses del 2010. El mes que más predomina es Enero, esto puede deberse a las bajas temperaturas, que influye negativamente sobre los ancianos.

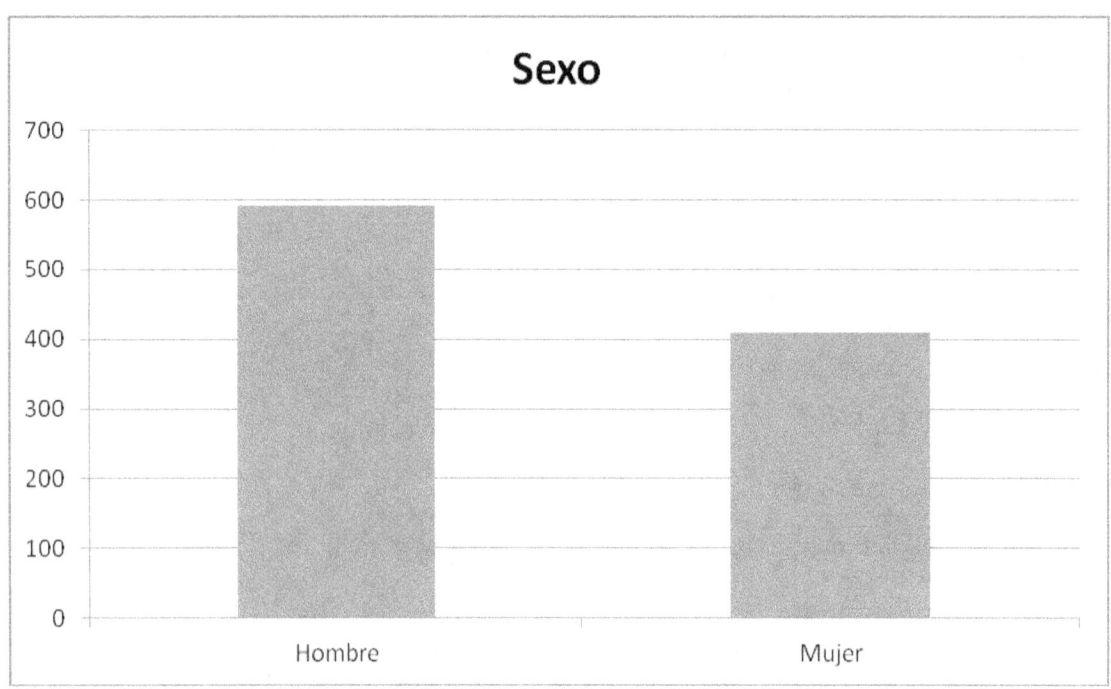

Podemos ver que en estos ingresos predominan los hombres a diferencia de las mujeres. Esto puede ser debido al ritmo de vida de estas personas, es decir, a las costumbres de los hombres. Fumaban más, bebían más y tenían una peor calidad de vida.

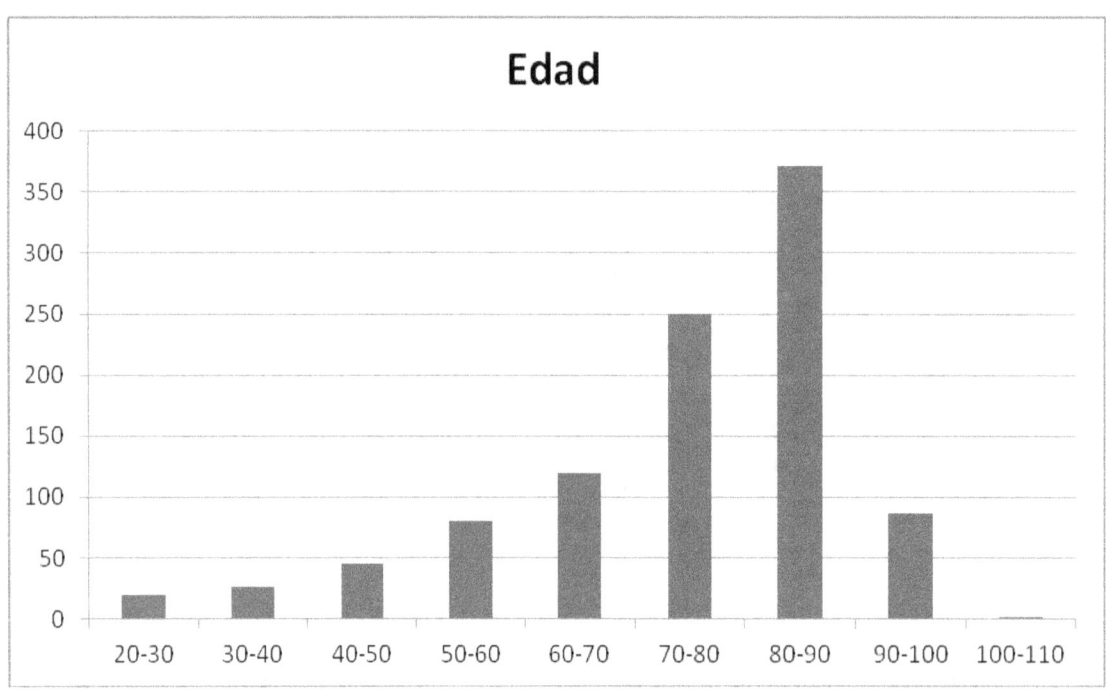

Entre los diferentes rangos de edad podemos observar que cuanto más edad tienen los pacientes más ingresos se realizan. Las personas entre 80 y 90 años son las más ingresadas en esta planta. Esto es debido a que las personas mayores tienen mas enfermedades que una persona joven.

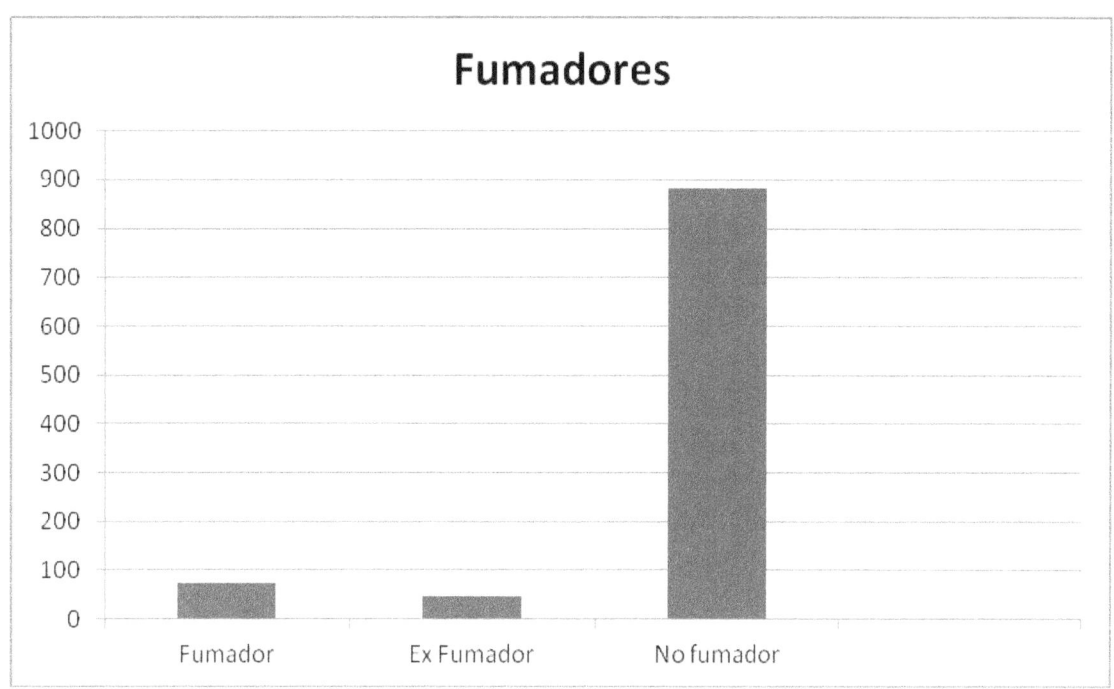

En la grafica de fumadores y no fumadores, se observa que hay muchas más personas que no fuman, que las personas que fuman o han fumado.

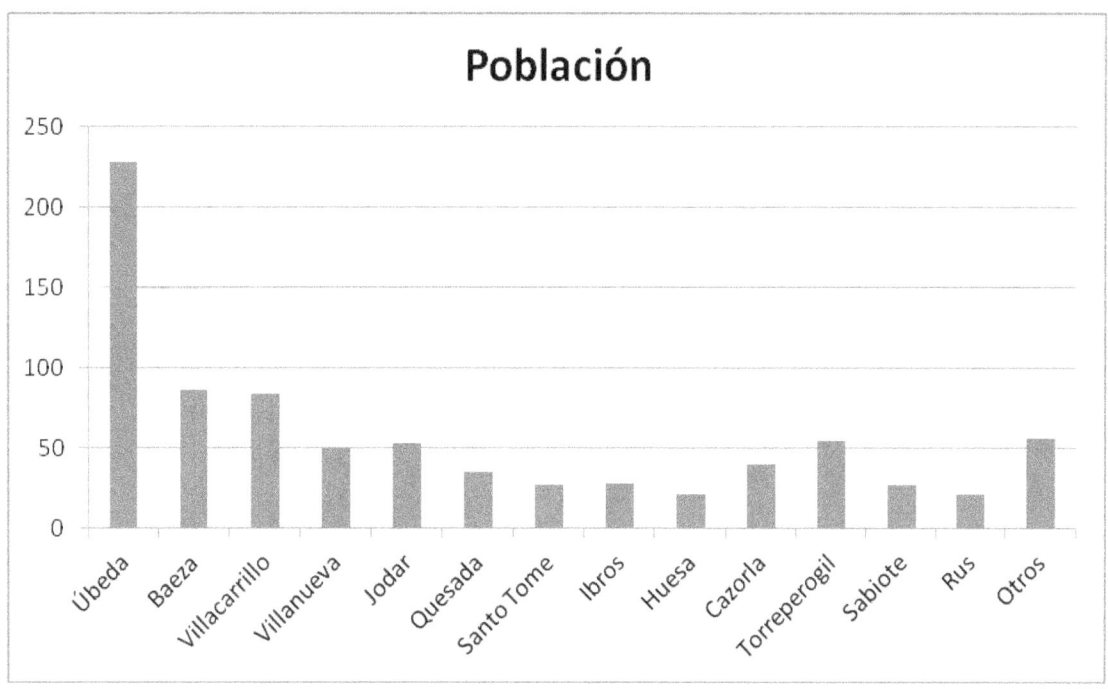

En el Hospital San Juan de la Cruz de Úbeda, no solo prestan sus servicios a las personas de Úbeda, sino, también a personas de pueblos cercanos en los que no hay hospital. Son numerosos los pueblos, en esta grafica solo encontramos los que más ingresos tienen en este hospital. Podemos observar que el que más predomina es Úbeda, seguido de Baeza y Villacarrillo. Esto se debe al número de personas que tiene cada población. Si es un pueblo con poca población normalmente tendrá menos ingresos que un pueblo que tenga gran población. En la barra que nos indica "otros" se refiere a los ingresos de personas que no residen en Jaén y por algún motivo se encuentran en Úbeda.

CAPÍTULO I
CARDIOLOGÍA

Es la rama de la medicina interna que se ocupa de las afecciones del corazón y del aparato circulatorio.

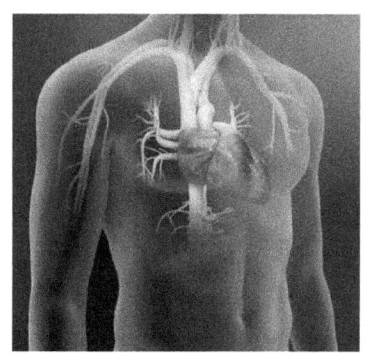

En el siguiente cuadro podemos encontrar las diferentes enfermedades del servicio de cardiología. En cada enfermedad podemos diferenciar el número

de hombres y mujeres, así como la edad media y el número de fumadores o ex fumadores que hay.

Enfermedad	Hombre	Mujer	Media de Años	Fumador	Ex fumador
Bloque trifascicular	1	0	88	0	0
Pericarditis	4	0	33	1	0
Disrritmias cardiacas	1	0	79	0	0
Insuficiencia vascular	1	1	84	0	0
Trastorno disrritmico	1	0	84	0	0
Disfunción nódulo senoaricular	1	2	75	0	0
Complicación marcapasos cardiaco	1	0	56	0	0
Complicación prótesis válvula cardiaca	0	1	71	0	0
Excitación auriculo-ventricular anómala	0	1	54	0	0
Enfermedad del pericardio	1	1	29	1	0

Bloqueo bilateral-fascículo	0	1	83	0	0
Arteriosclerosis	4	1	75	0	0
Síndrome post-infarto	2	0	61	0	0
Bloqueo auriculo-ventricular completo	2	4	83	0	0
Alteración válvula mitral	1	0	65	0	0
Colocación marcapasos	2	2	67	1	0
Taquicardias	2	5	74	0	0
Isquemia	0	1	74	0	0
Estenosis mitral	6	3	78	0	0
IAM	39	12	77	8	4
Enfermedad cardiaca y renal hipertensiva	8	11	82	1	2
Ángor	15	6	71	2	2
Insuficiencia renal	20	22	84	0	0
Síndrome coronario	17	18	73	1	2

Fibrilación auricular	13	15	72	2	0
Sincope y colapso	6	4	61	2	0
Insuficiencia cardiaca	86	95	82	8	8

A continuación vamos a analizar las enfermedades más abundantes de cardiología.

INSUFICIENCIA CARDÍACA

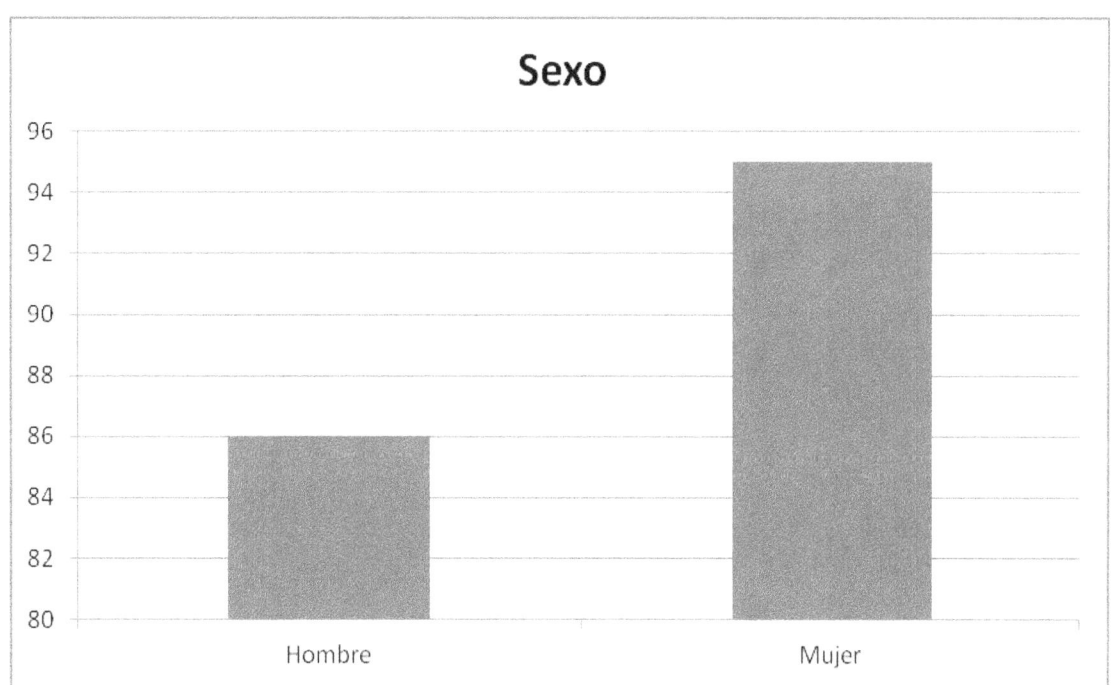

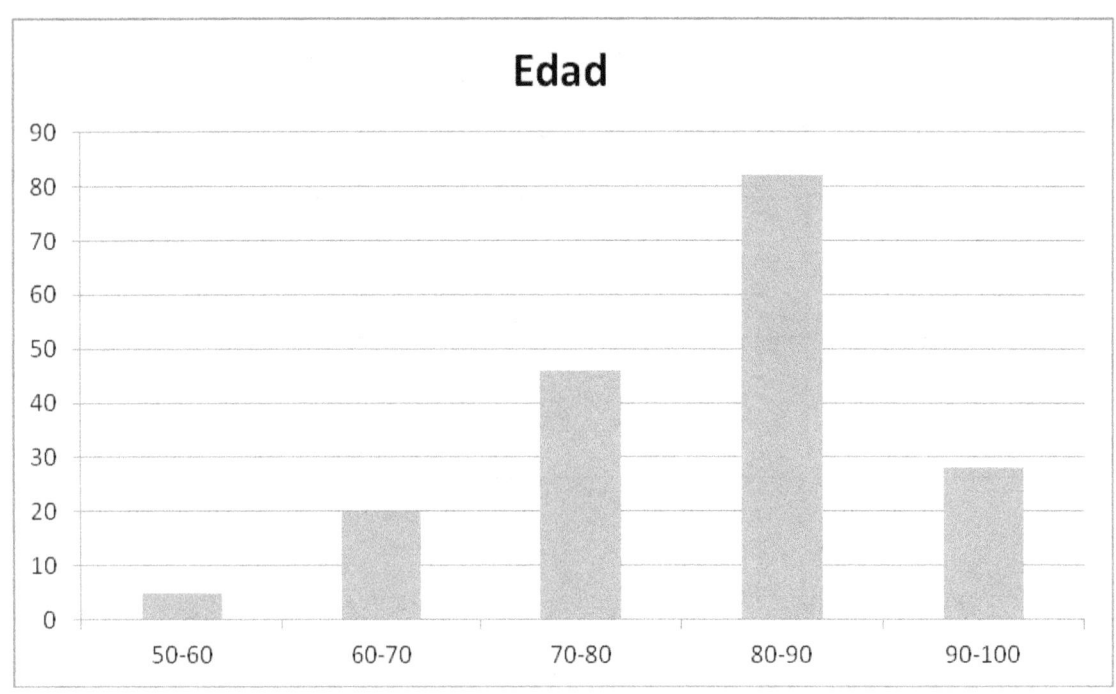

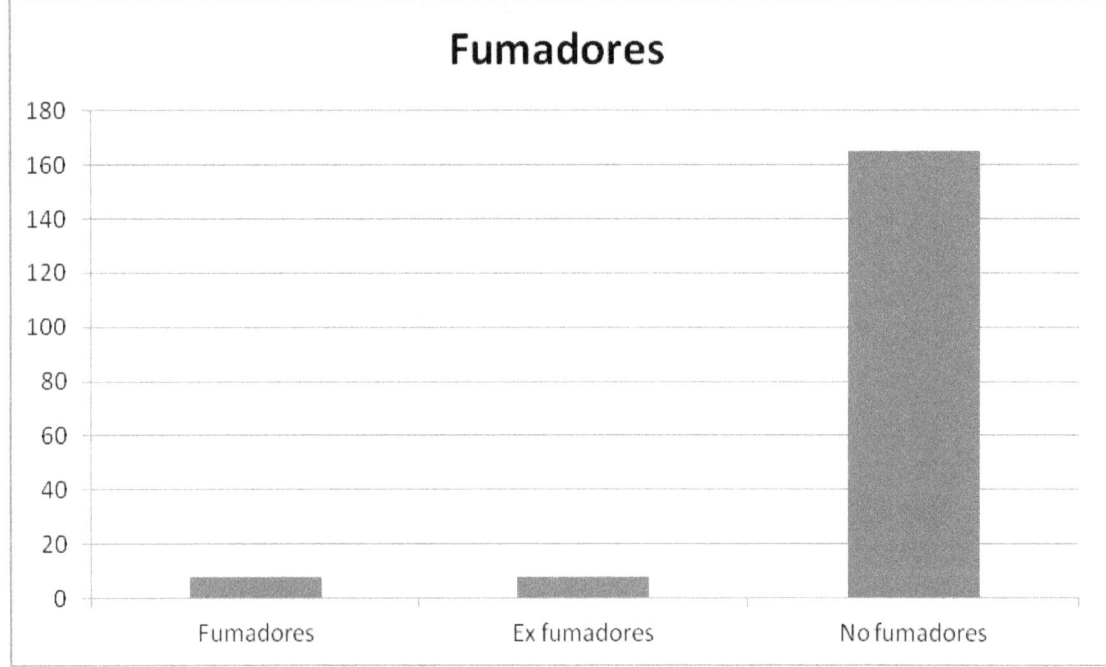

En la insuficiencia cardiaca podemos observar que hay más mujeres que hombres que padecen esta enfermedad. Estas personas están en diferentes edades, pero abunda más en ancianos sobre 80 a 90 años. En ella 8 personas eran fumadores y otros 8 ex fumadores, las demás no fumadores.

INFARTO AGUDO DE MIOCARDIO (IAM)

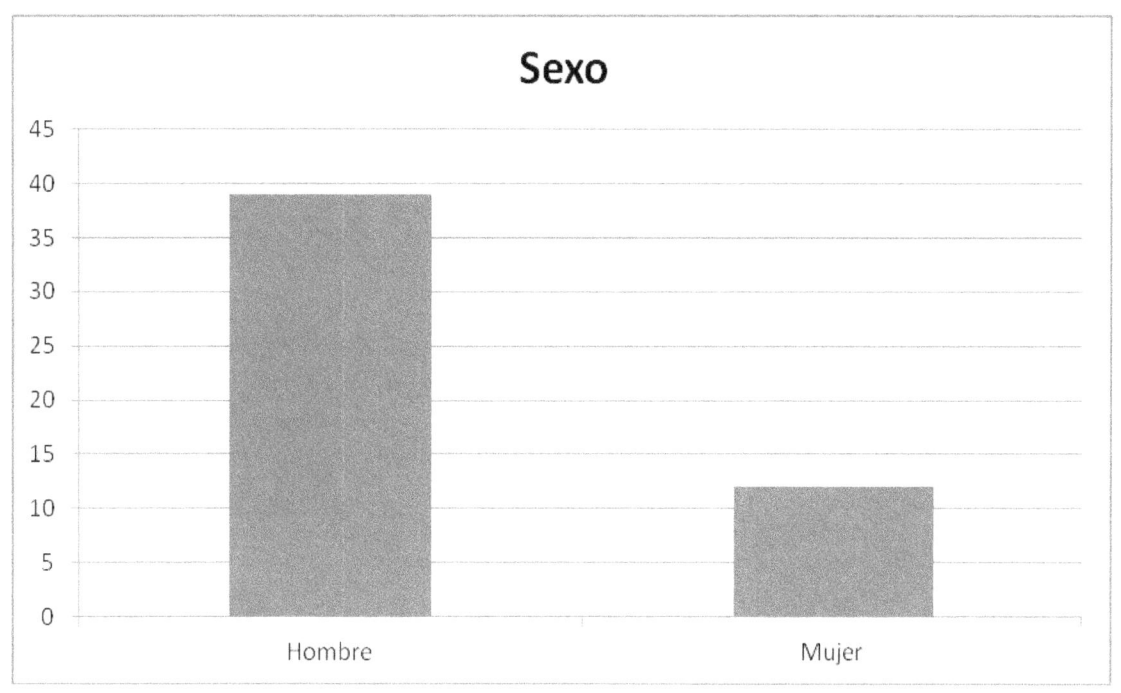

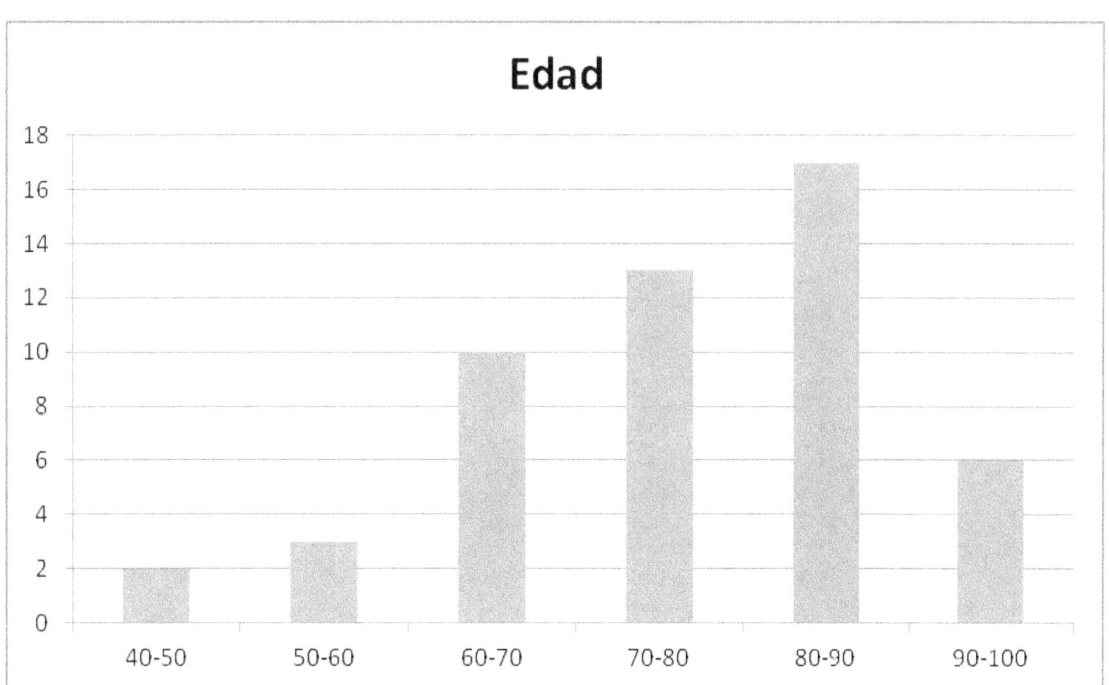

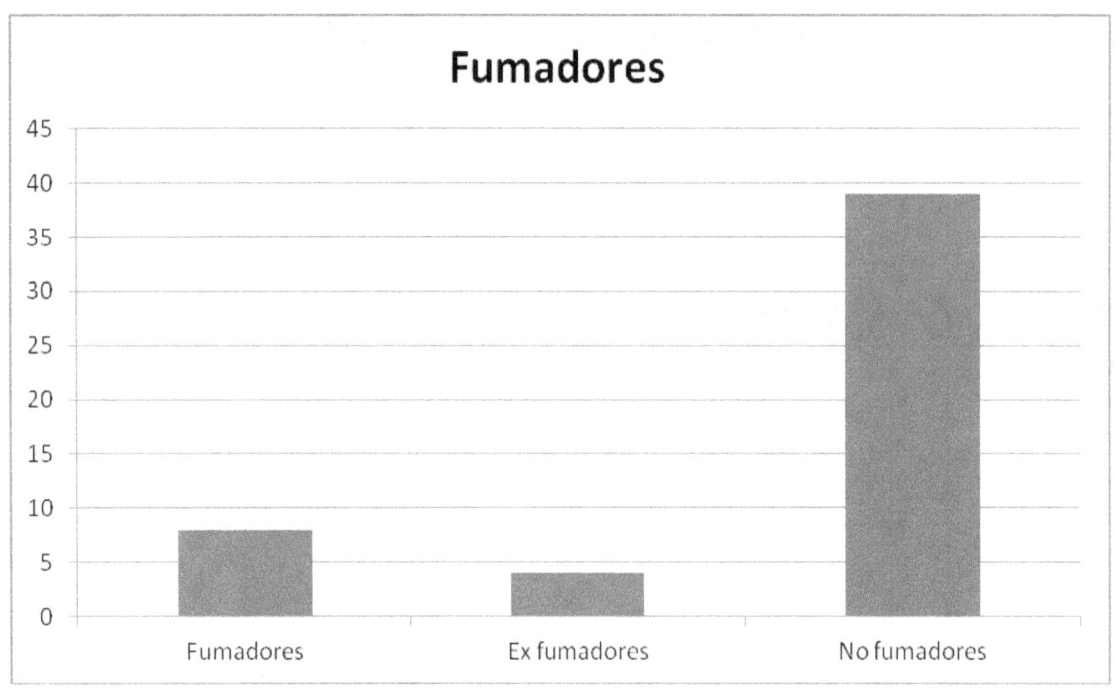

En el infarto agudo de miocardio predominan los hombres a diferencia de las mujeres. Esto puede ser debido a la diferente calidad de vida entre estos. La edad más abundante ronda sobre los 80 a 90 años. En esta enfermedad hay varios casos de personas fumadoras y que han sido fumadoras.

ÁNGOR

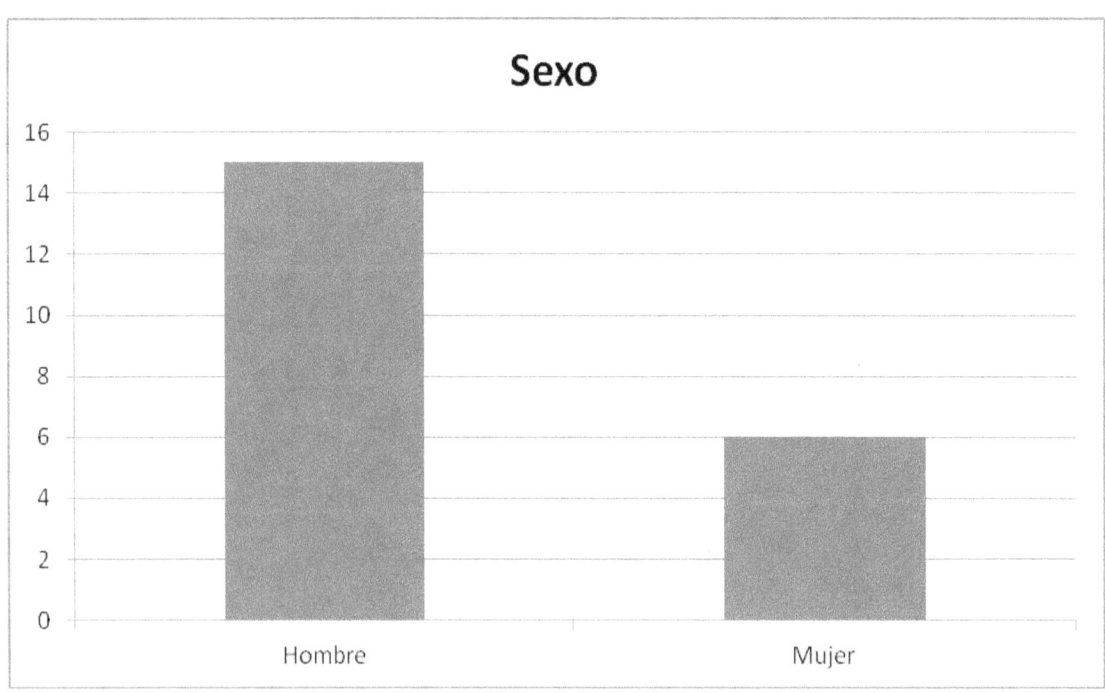

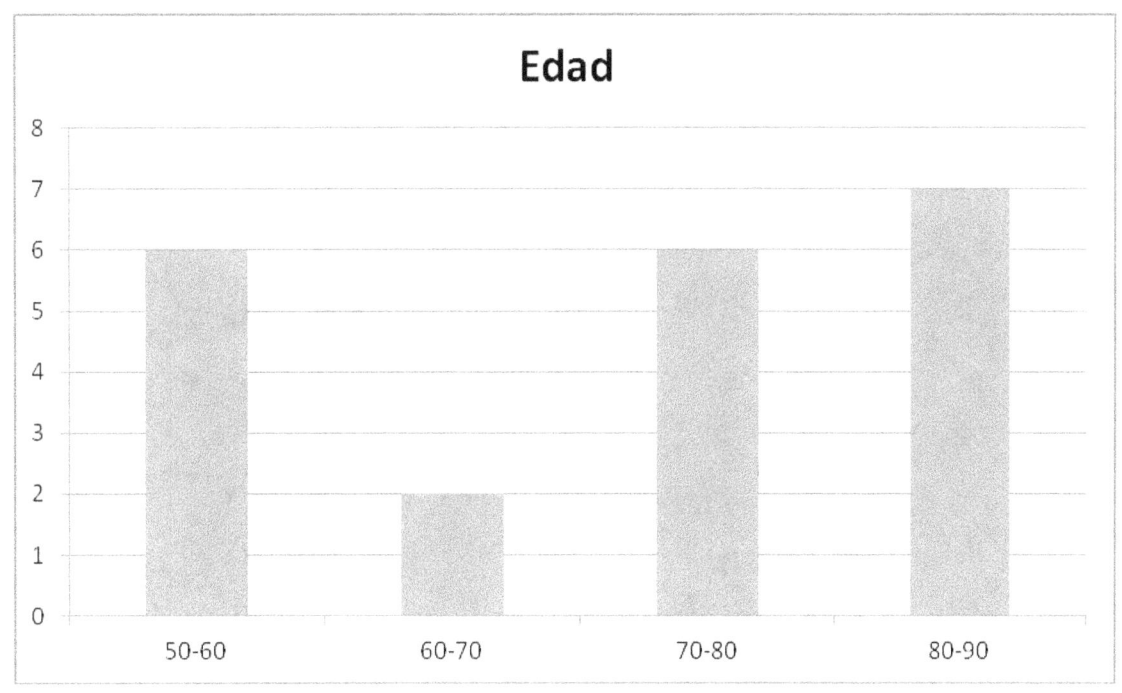

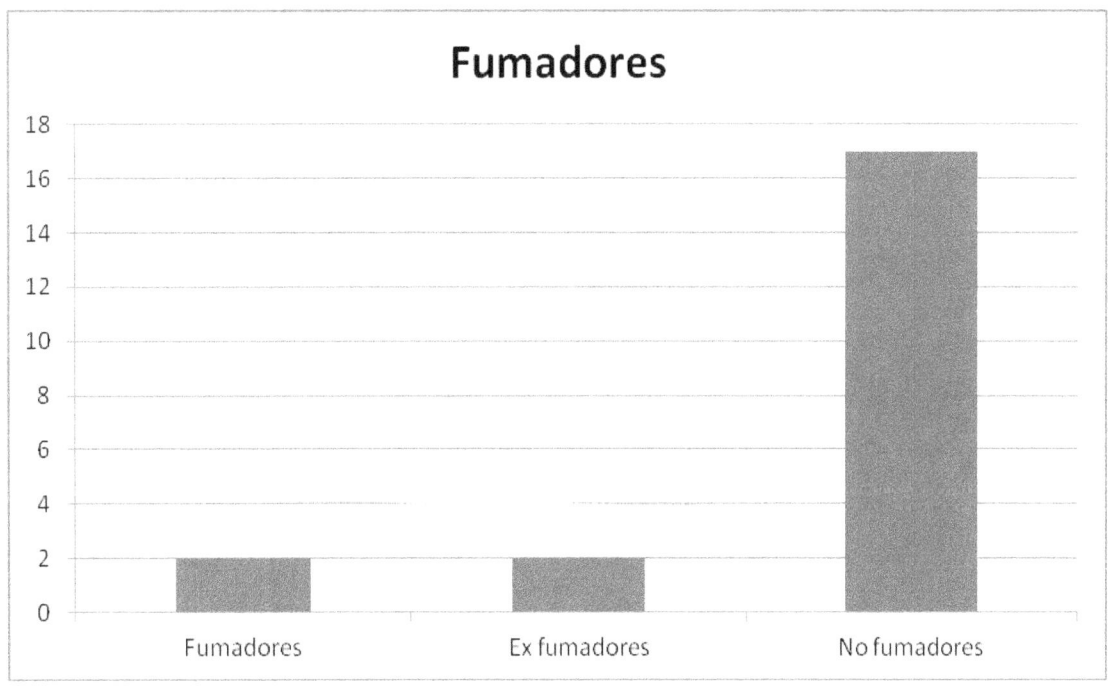

En el ángor se ven destacados más hombres que mujeres, ya que son más fumadores. Hay diferentes rangos de edad, y se encuentran muy igualados, aunque con poca diferencia destacan de 80 a 90 años. Hay pocos casos de fumadores o ex fumadores.

SINDROME CORONARIO

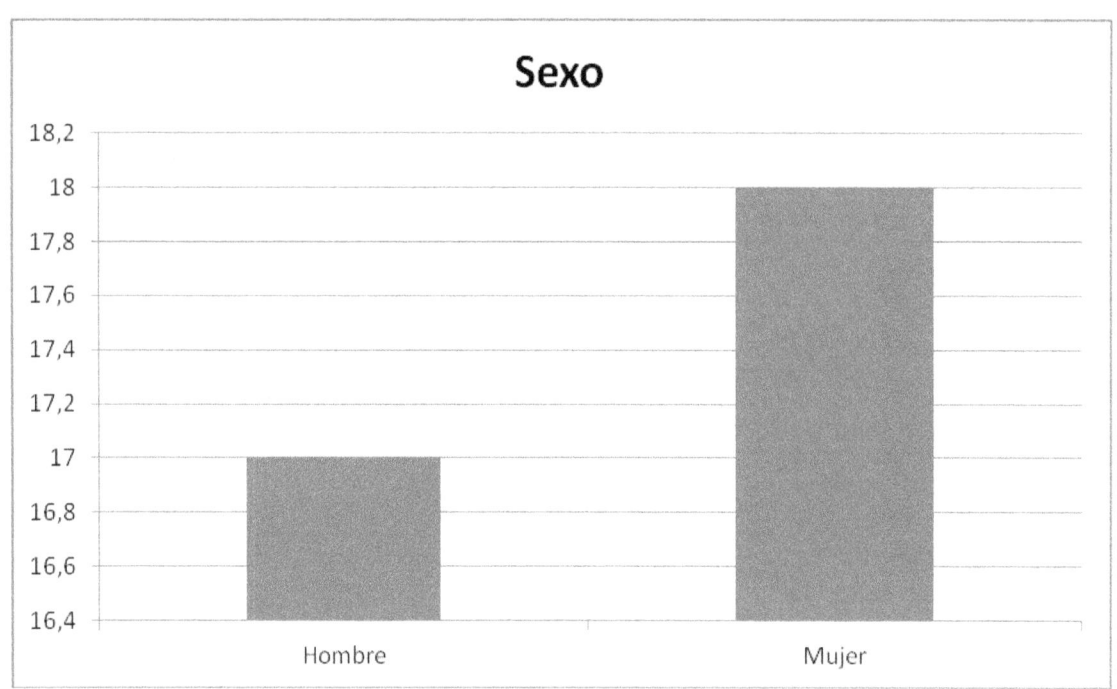

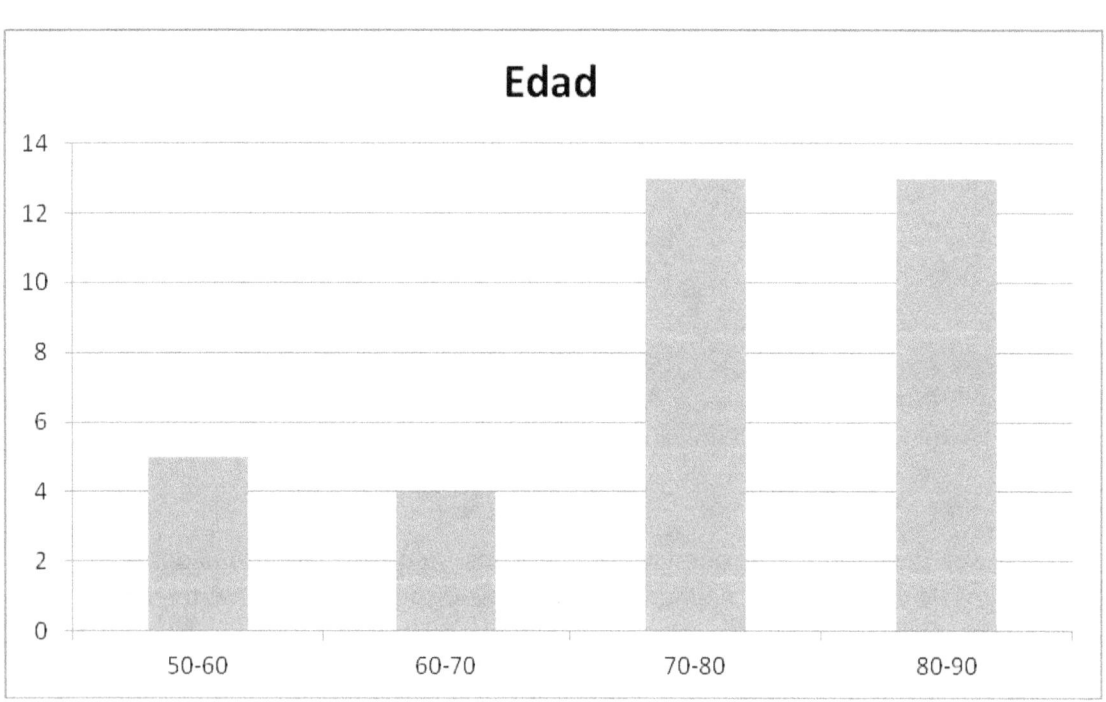

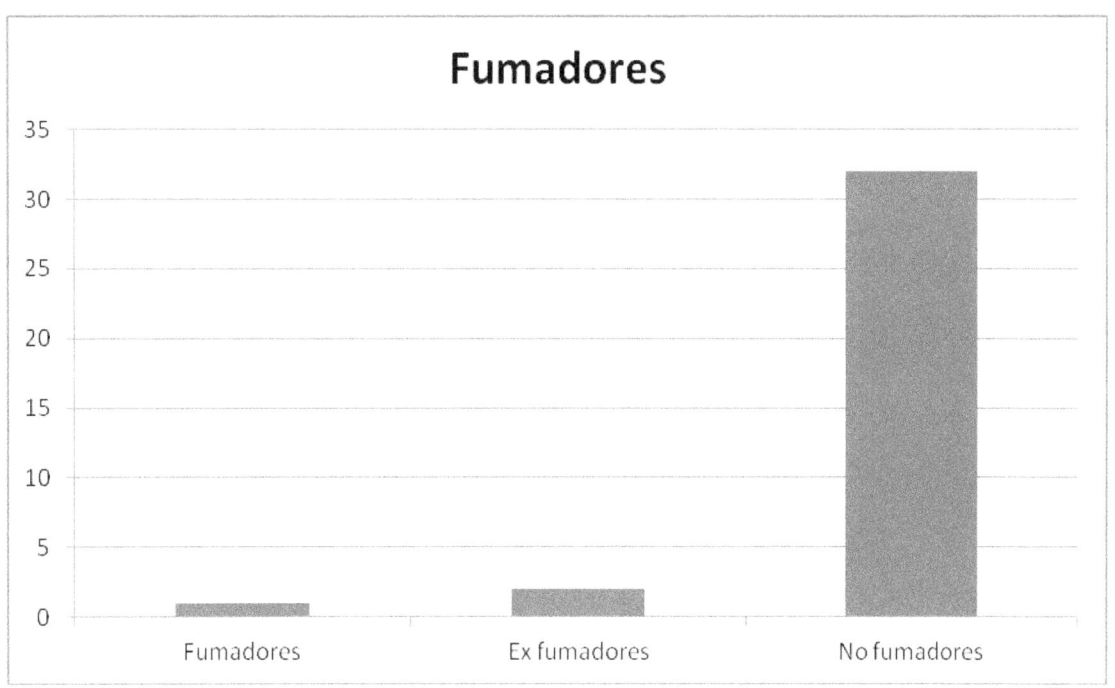

En esta enfermedad hay más casos de mujeres. La edad de los ingresados que más abunda esta sobre los 70 a 90 años. Hay muy pocos casos de personas fumadoras.

FIBRILACIÓN AURICULAR

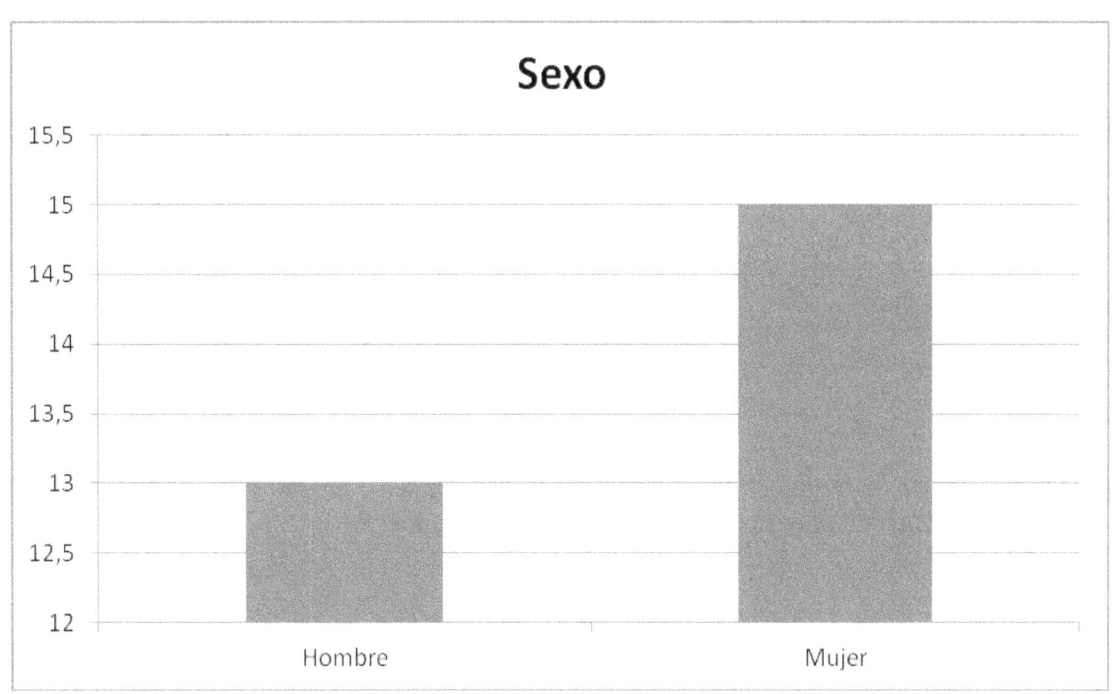

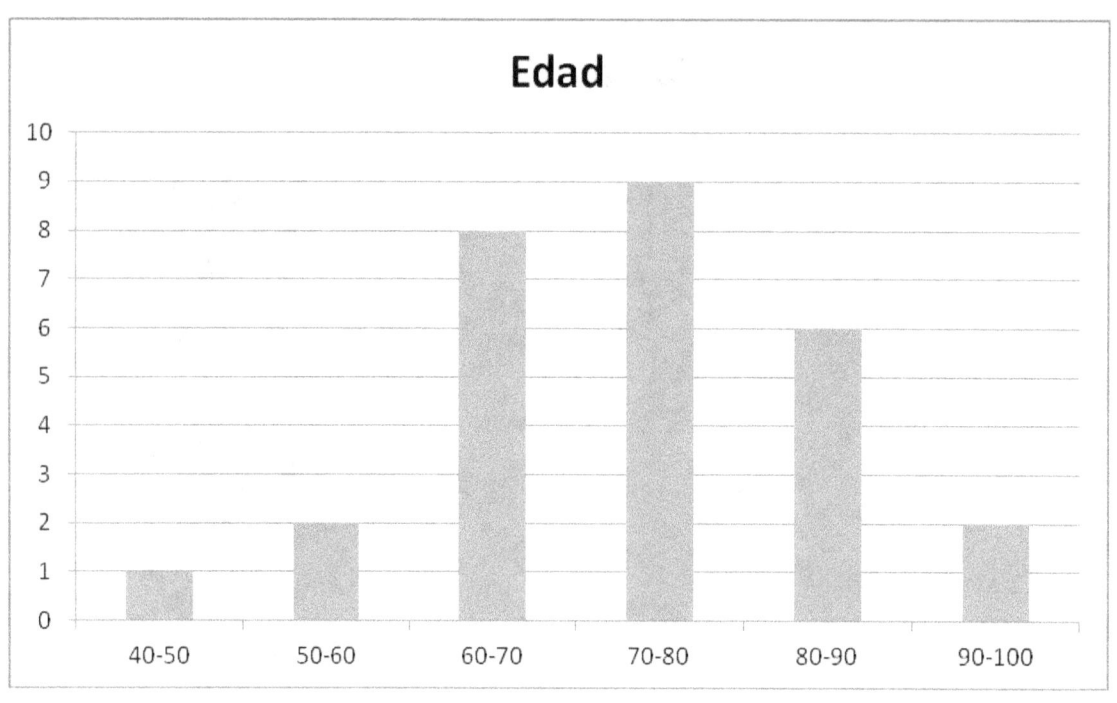

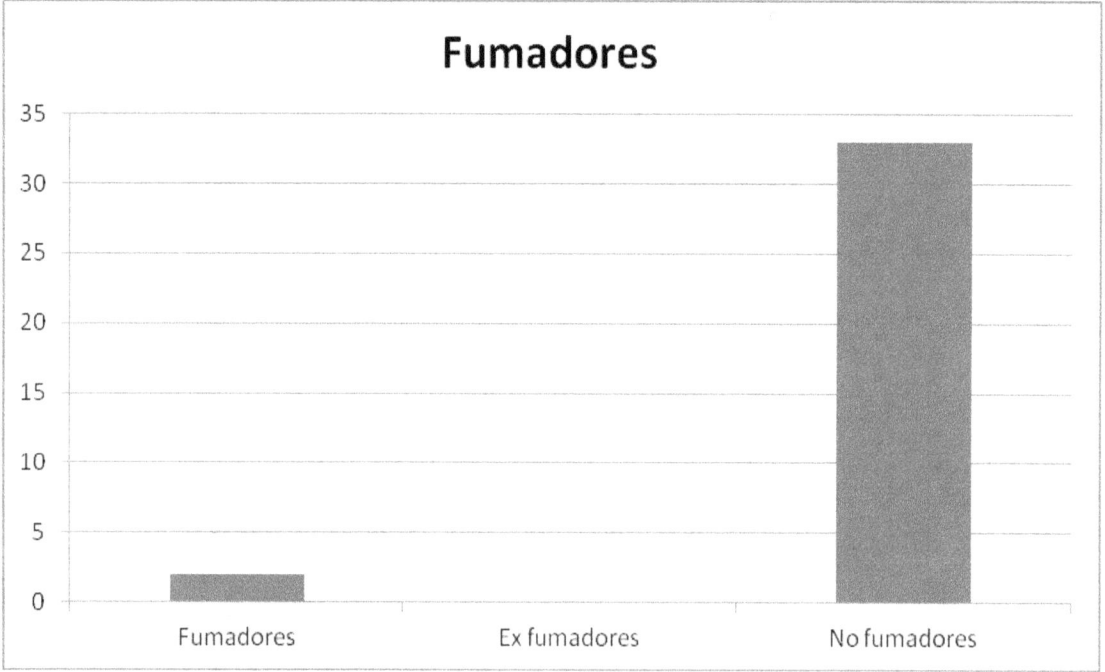

Aquí hay más casos de mujeres que padecen esta enfermedad. La edad más predominante es de 70 a 80 años. Hay tan solo dos casos de personas fumadoras.

CAPÍTULO II
HEMATOLOGIA

Es la especialidad médica que se dedica al tratamiento de los pacientes con enfermedades hematológicas, para ello se encarga del estudio e investigación de la sangre y los órganos hematopoyéticos (médula ósea, ganglios bazo,...) tanto sanos como enfermos.

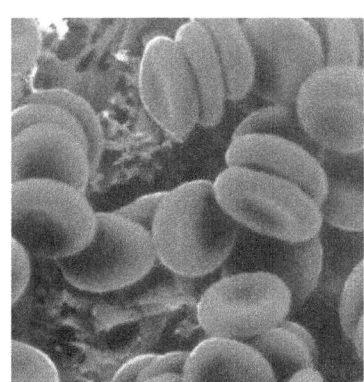

linfáticos,

ENFERMEDADES	MUJERES	HOMBRES	MEDIA AÑOS	FUMADORES
Carencia adquirida de factor de coagulación	3	0	83	0
Síndrome melodisplasico	1	0	76	0
Linfoma	0	1	25	0
Eritema	1	0	27	0
Anemia	2	1	70	0

CARENCIA ADQUIRIDA DE FACTOR DE COAGULACIÓN

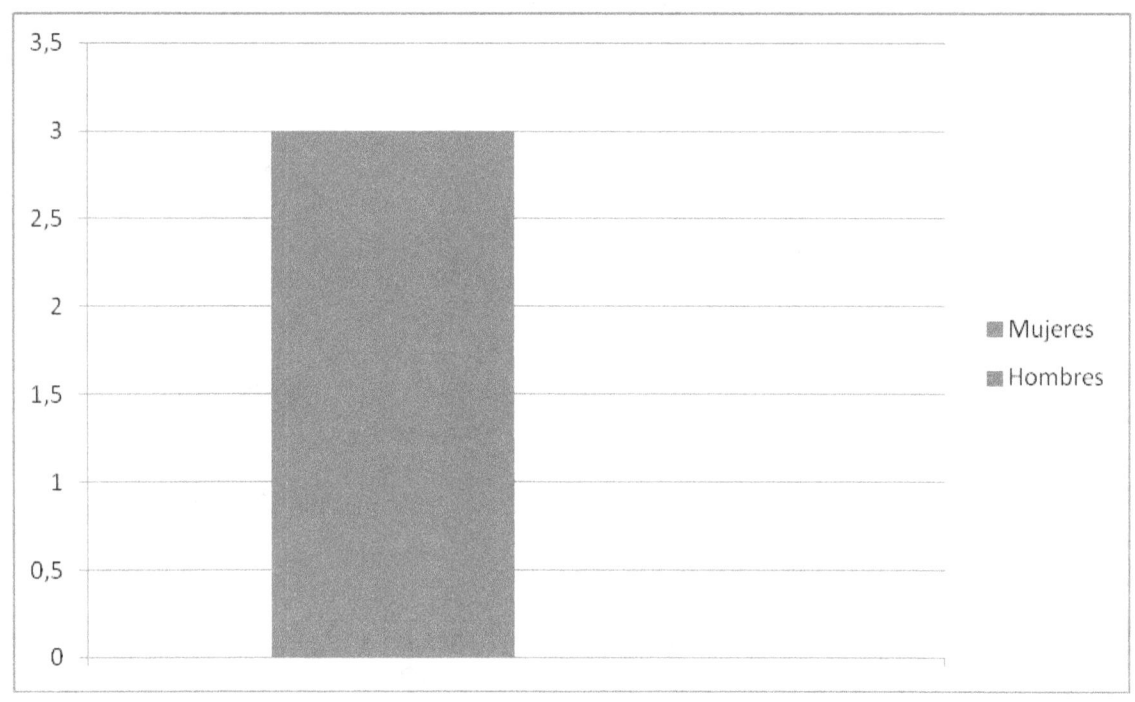

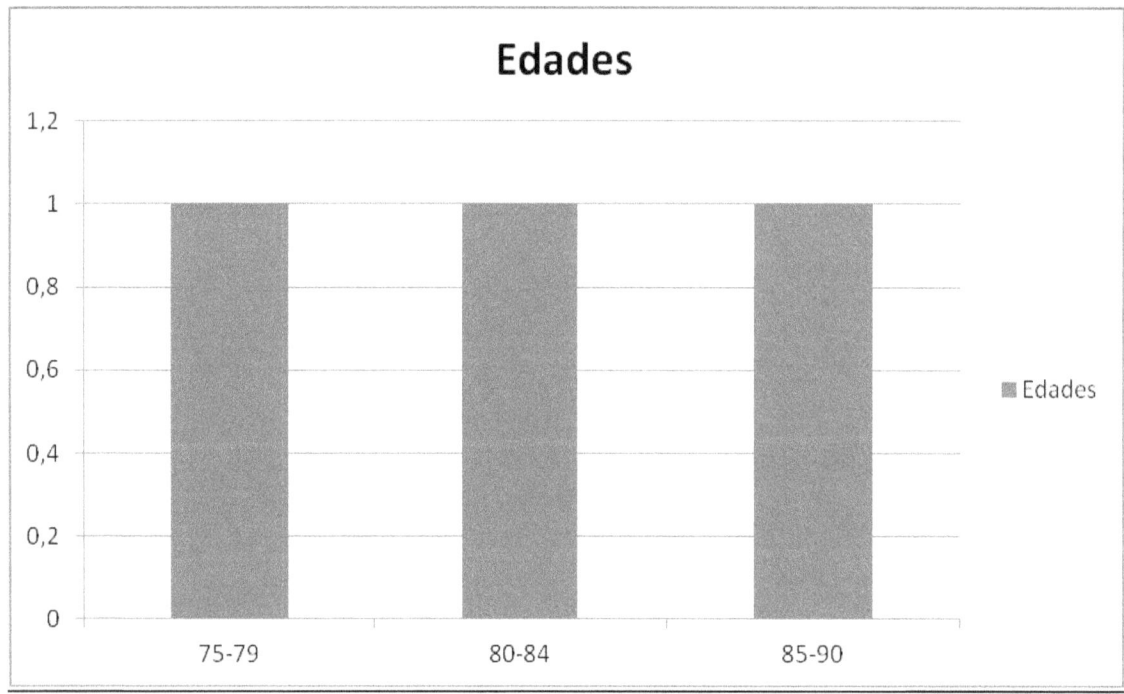

En estas dos gráficas observamos que las tres personas son mujeres, entre ellas, la edad media es de 83 años, y como en la mayoría tampoco son fumadores.

SÍNDROME MELODISPLASICO

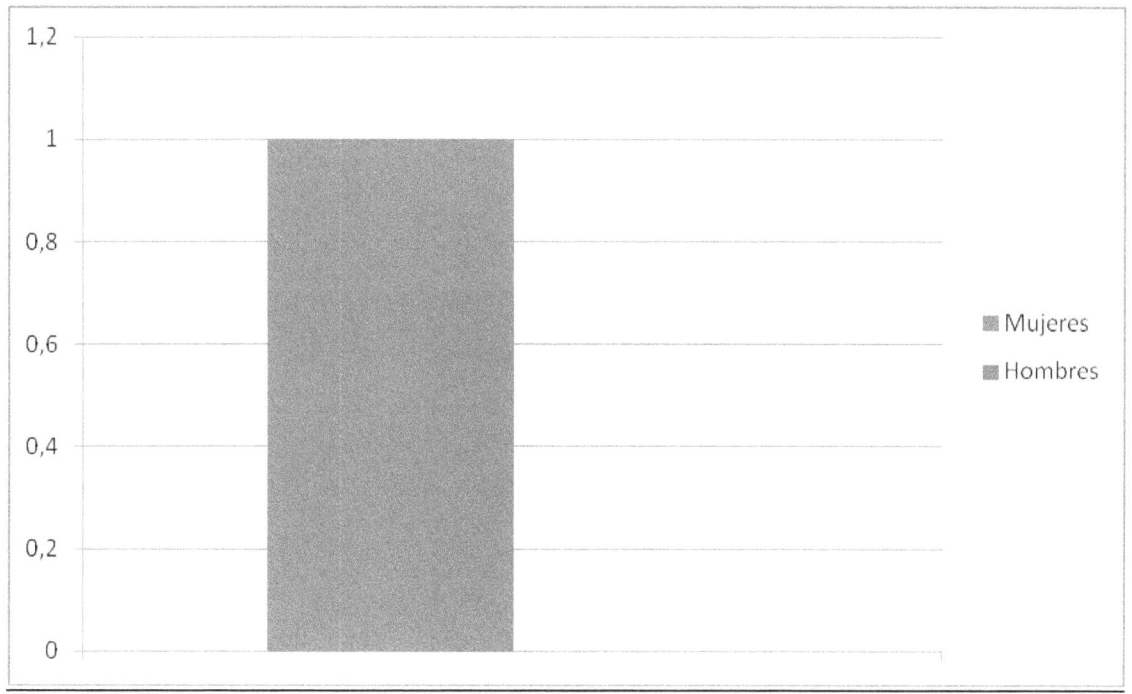

Observamos que en el apartado de síndrome melodisplasico solo hay una persona de sexo femenino. Su edad es de 76 años y no es fumadora.

ERITEMA

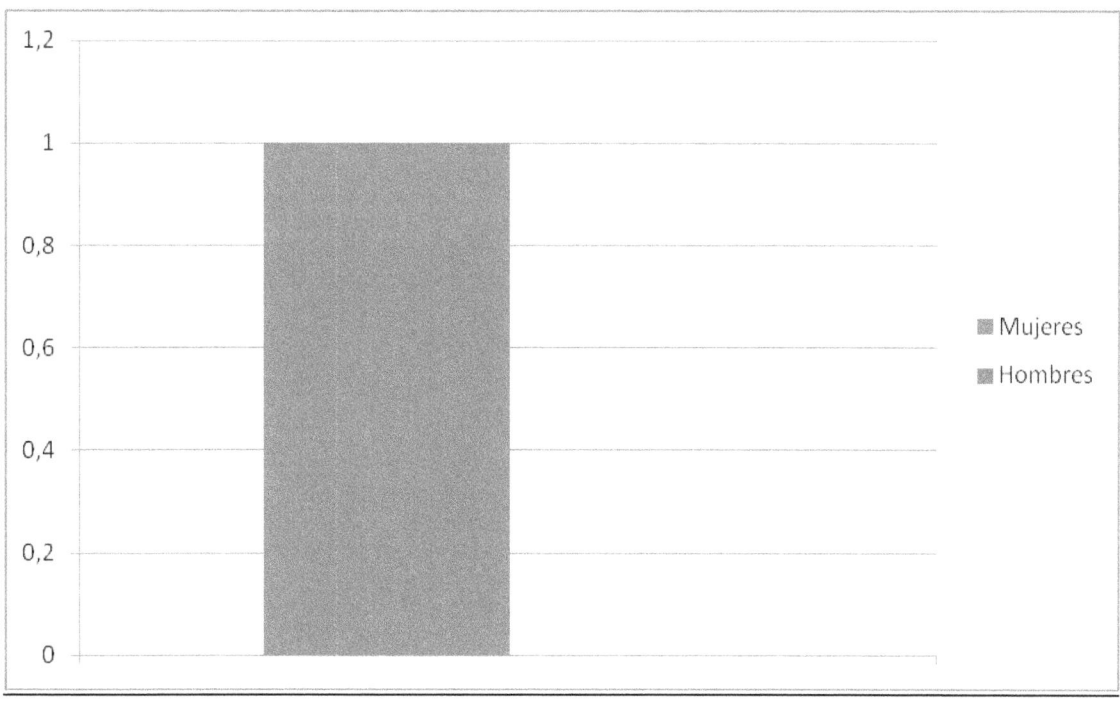

Esta gráfica es exactamente igual a la anterior excepto que la edad en este caso de la única mujer es de 27 años, es mucho más joven que la anterior, pero también coincide en que no es fumadora.

LINFOMA

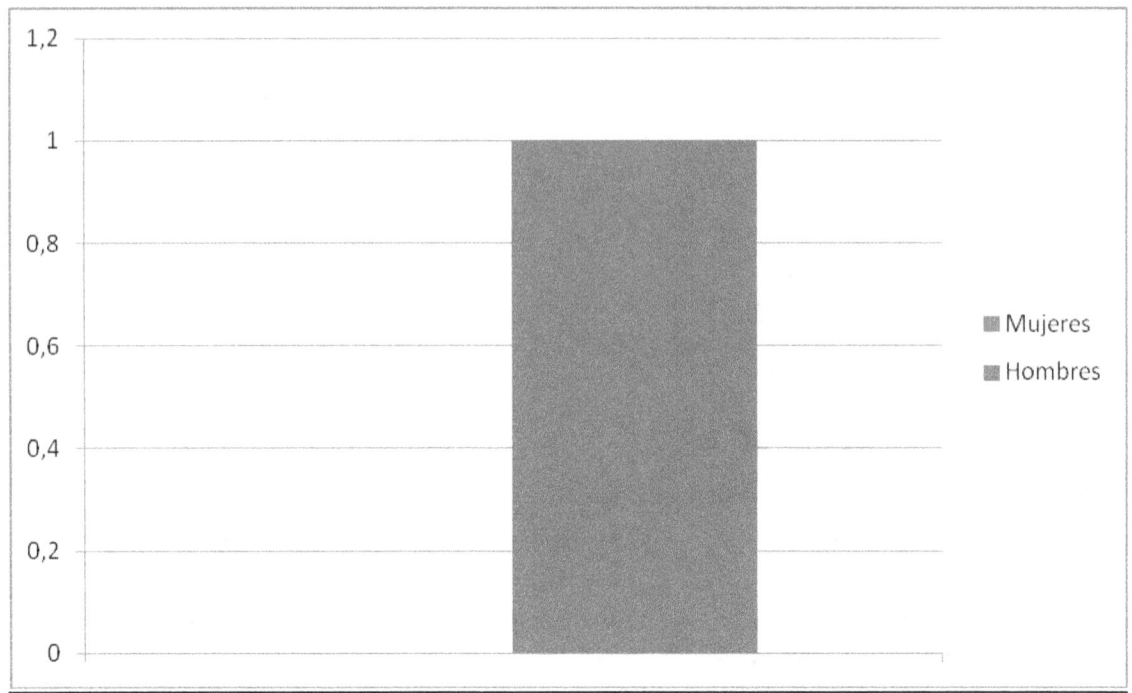

En esta gráfica solo hay una persona también pero en este caso es un hombre, su edad es de 25 años. Y tampoco es fumador.

ANEMIA

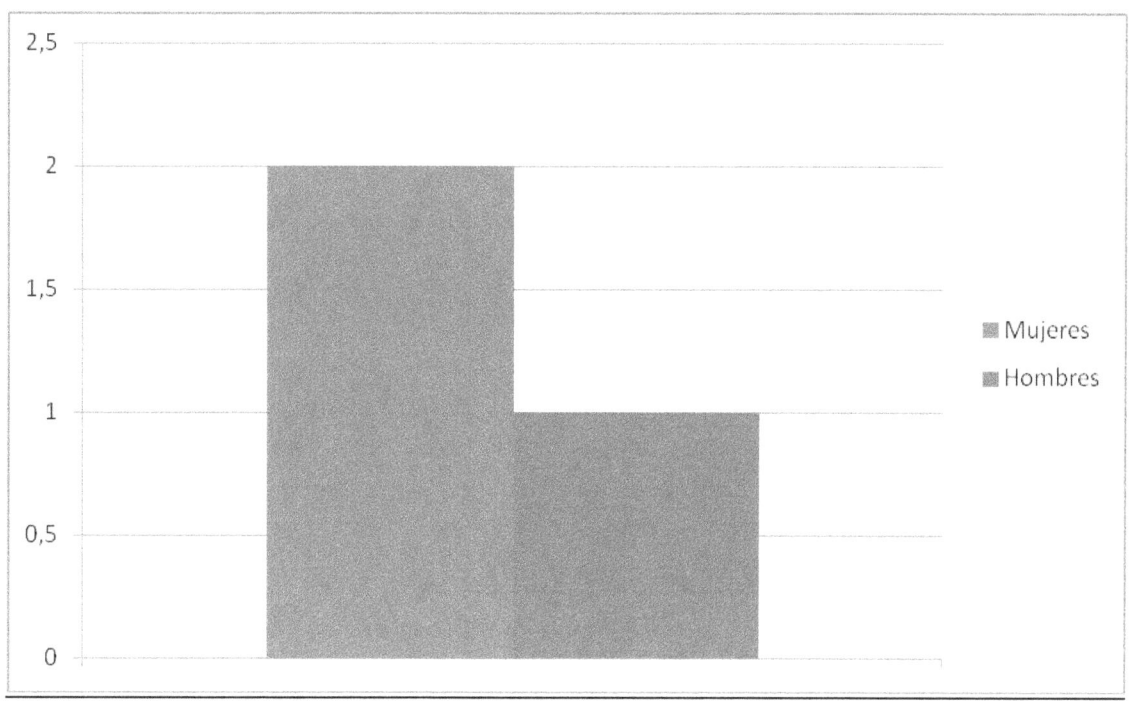

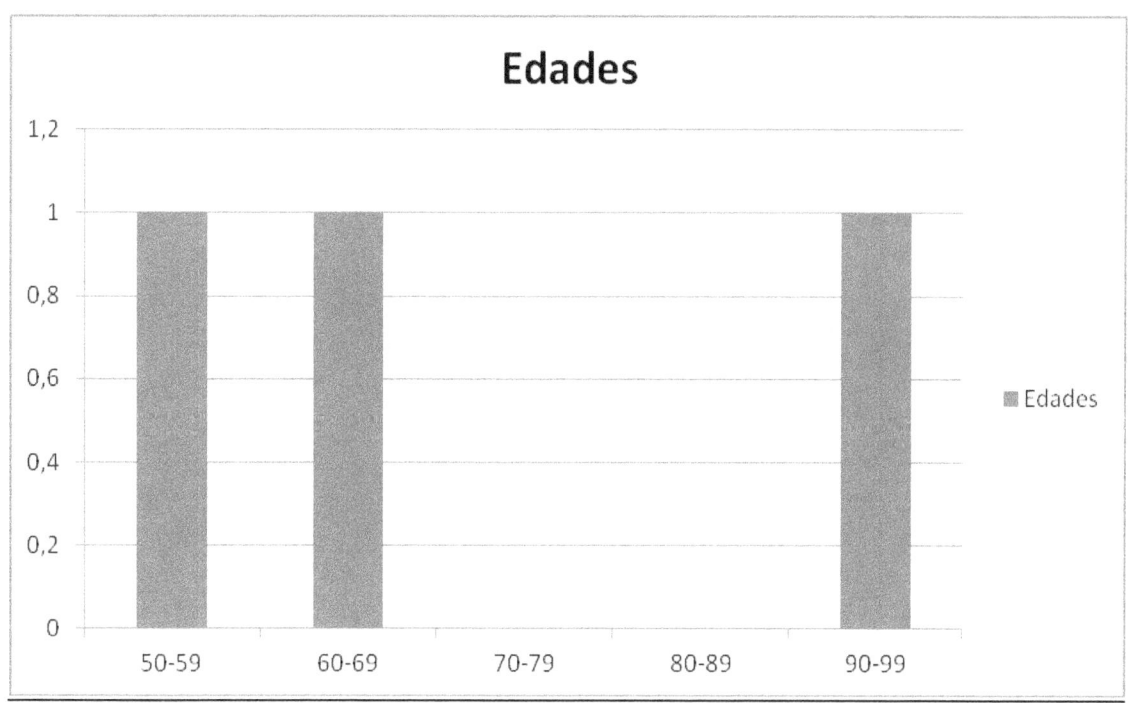

En estas dos gráficas se puede observar que dentro de nuestro estudio el apartado de anemia tiene tres personas dos de ellas mujeres, y el otro restante hombre. La edad media entre ellos es de 70 años. Y ninguno de ellos son fumadores.

CAPÍTULO III
NEFROLOGÍA

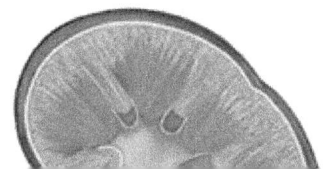

Es la rama de la medicina interna que se ocupa del estudio de la estructura y la función renal, tanto en la salud como en la enfermedad, incluyendo la prevención y tratamiento de enfermedades renales.

INSUFICIENCIA RENAL

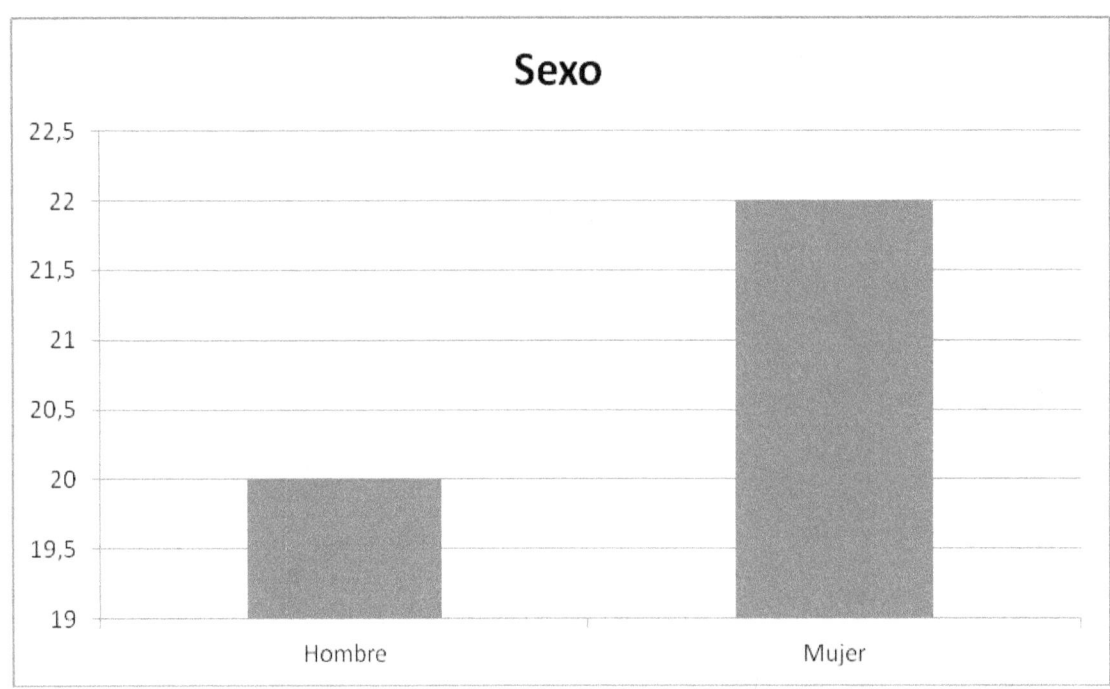

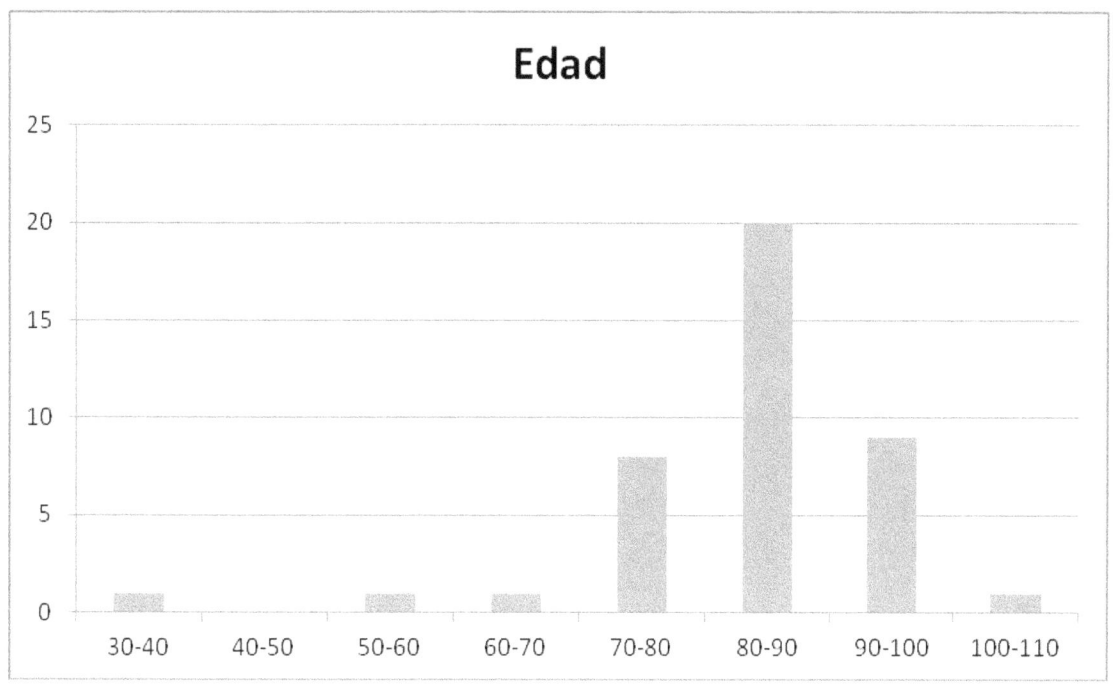

En la insuficiencia renal predominan mas las mujeres sobre los hombres, con poca diferencia. La edad más abundante de estos pacientes es de 80 a 90 años de edad. No hay ningún paciente fumador ni ex fumador.

CAPÍTULO V

ENDOCRINOLOGIA

ENFERMEDADES	Mujeres	Hombres	Media años	Fumador/a
Hipotasemia		1	59	no
Diabetes	5	3	70	no
Deshidratación		2	75	no
Hiposmolaridad	1	2	75	no

Es la especialidad médica encargada del estudio de la función normal, la anatomía y los desórdenes producidos por alteraciones del sistema endocrino. Se ocupa de las enfermedades producidas por un exceso o un defecto de los niveles de hormonas así como las alteraciones de los órganos que las producen y también se ocupa de las enfermedades metabólicas y nutricionales.

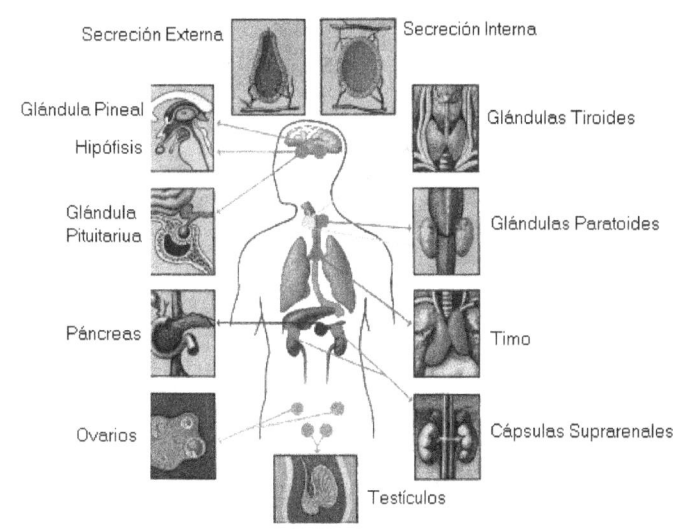

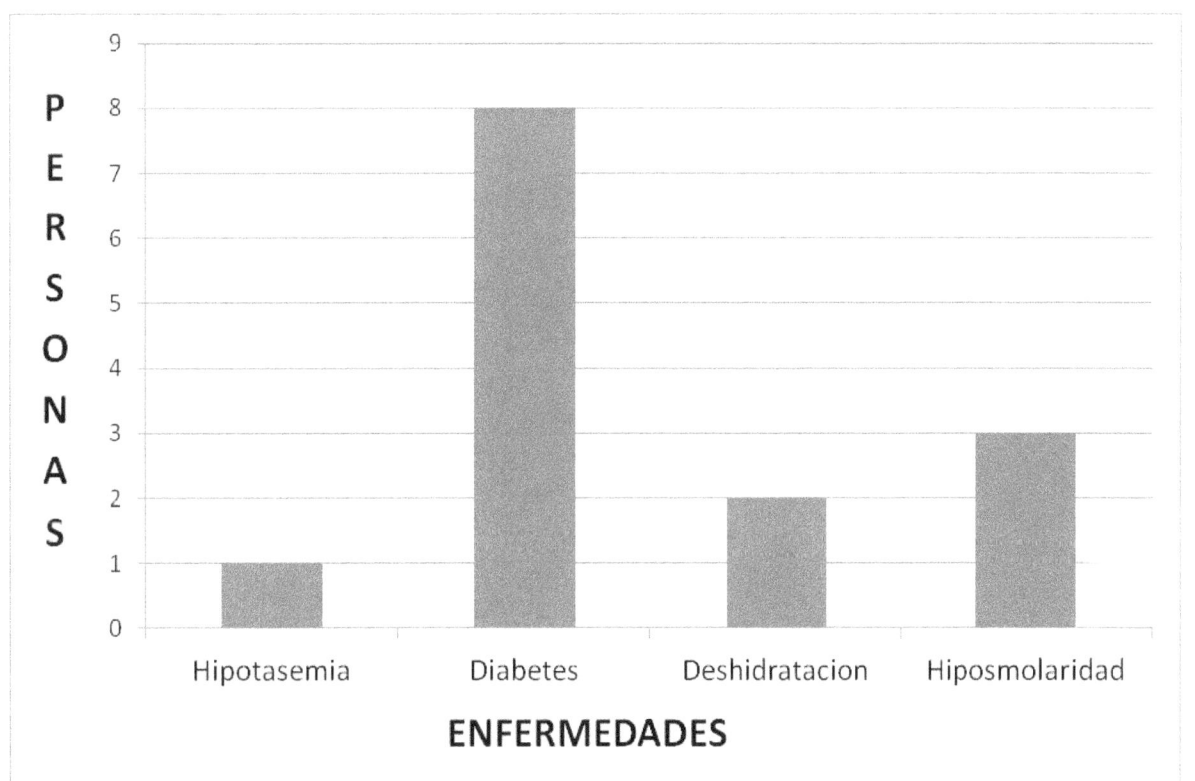

Esta grafica representa que el número de personas que padecen diabetes es superior al de las otras enfermedades

HIPOTASEMIA

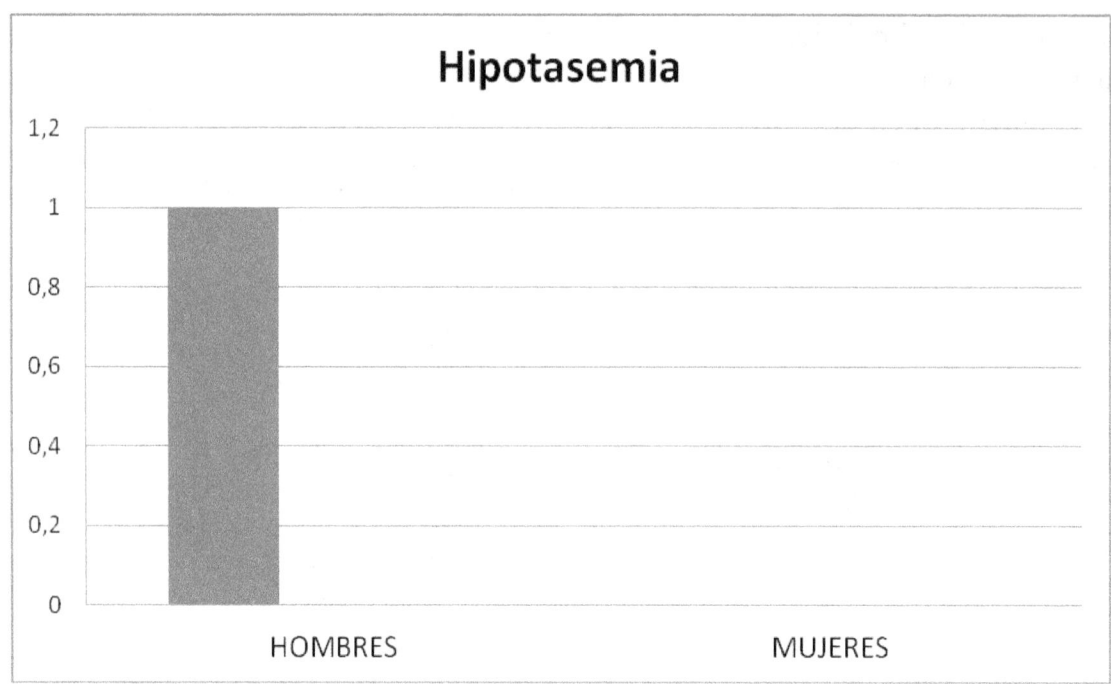

En esta grafica podemos encontrar que hay más número de hombres con hipotasemia que mujeres.

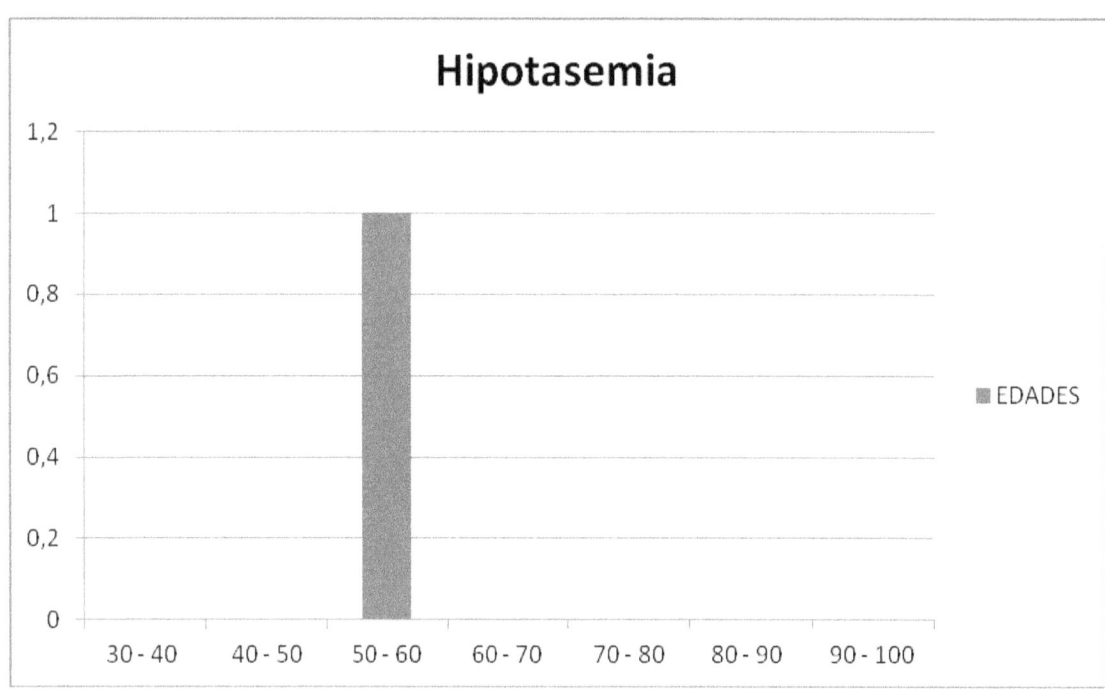

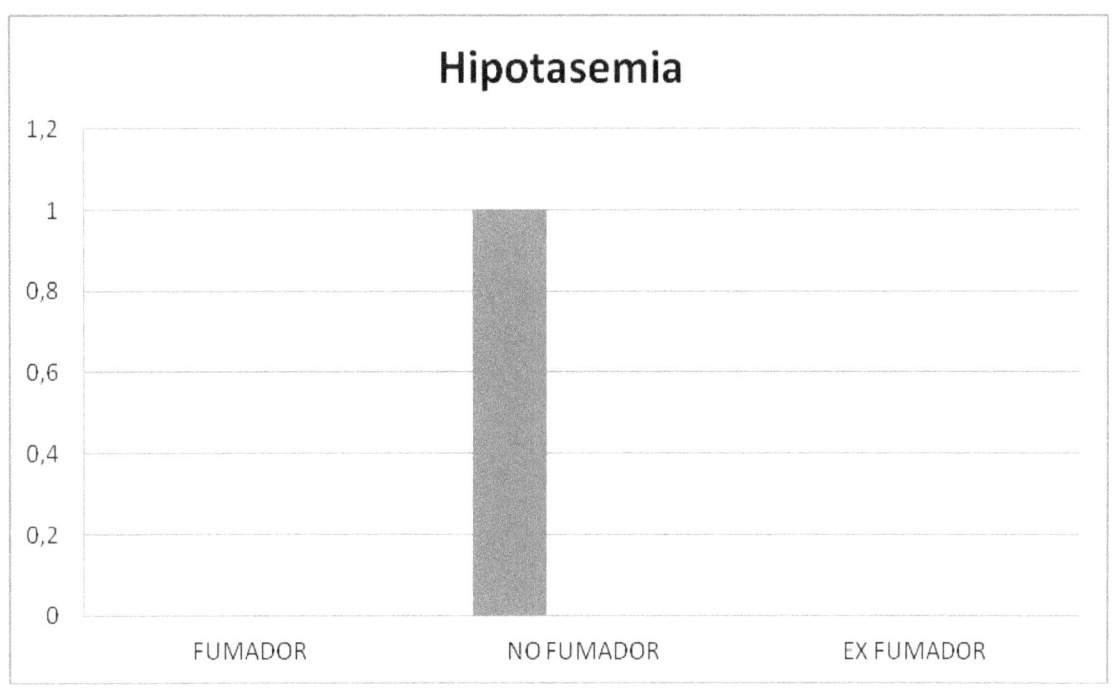

En esta grafica podemos encontrar que las personas que padecen hipotasemia no son fumadoras.

DIABETES

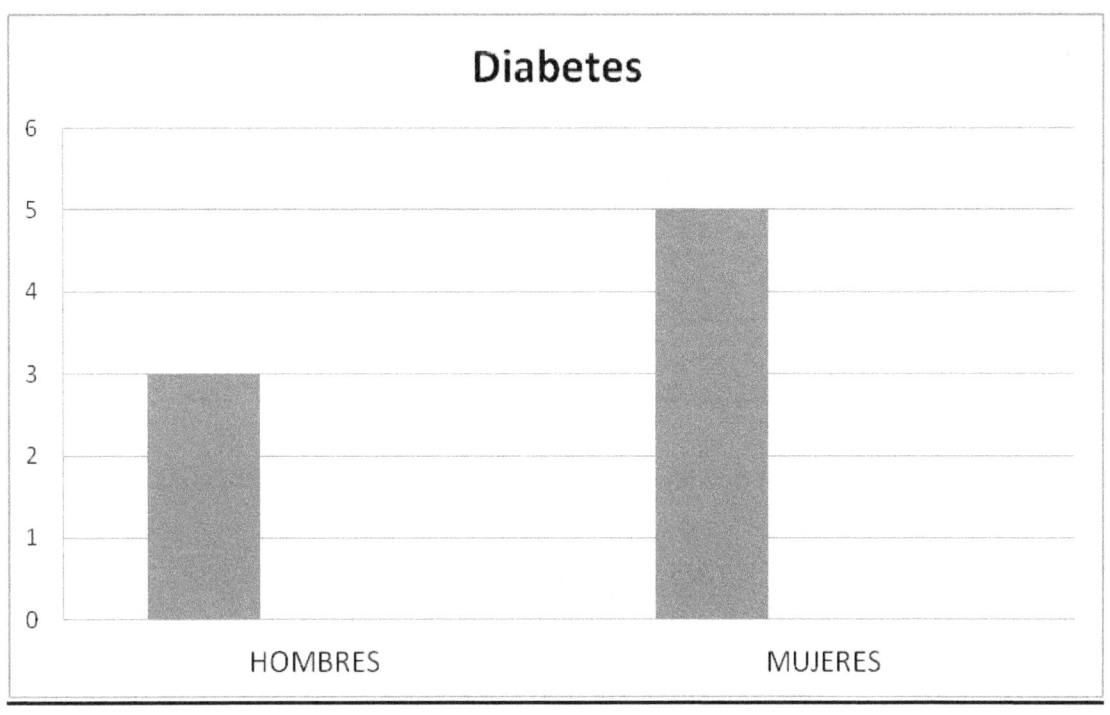

En esta grafica podemos encontrar que hay más mujeres con diabetes que hombres

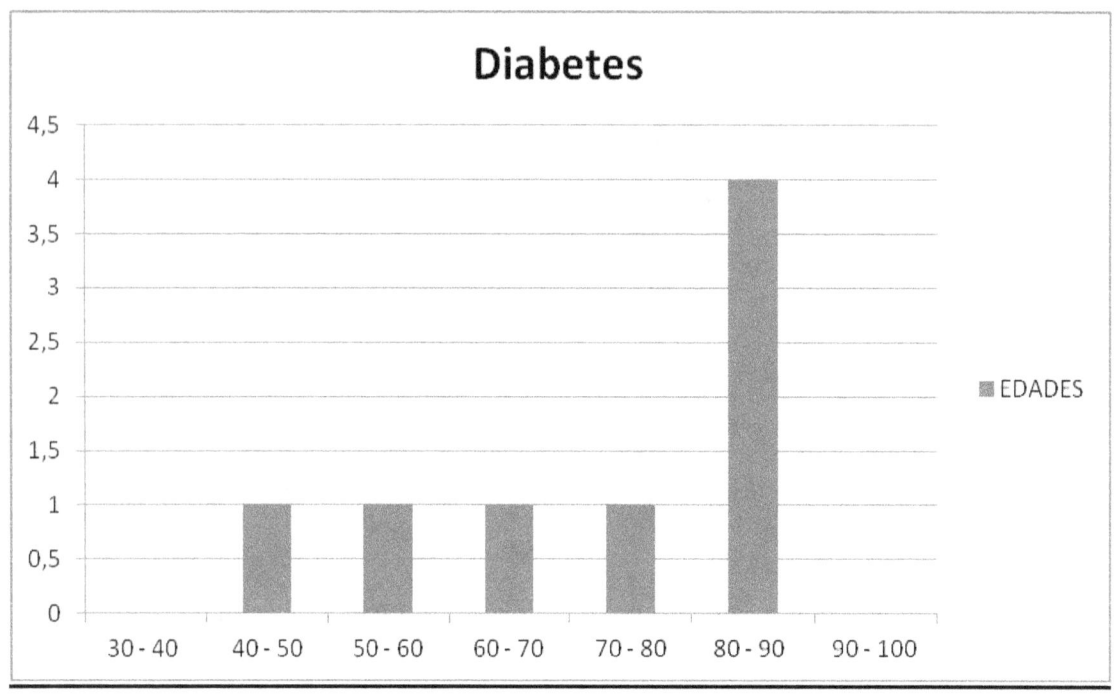

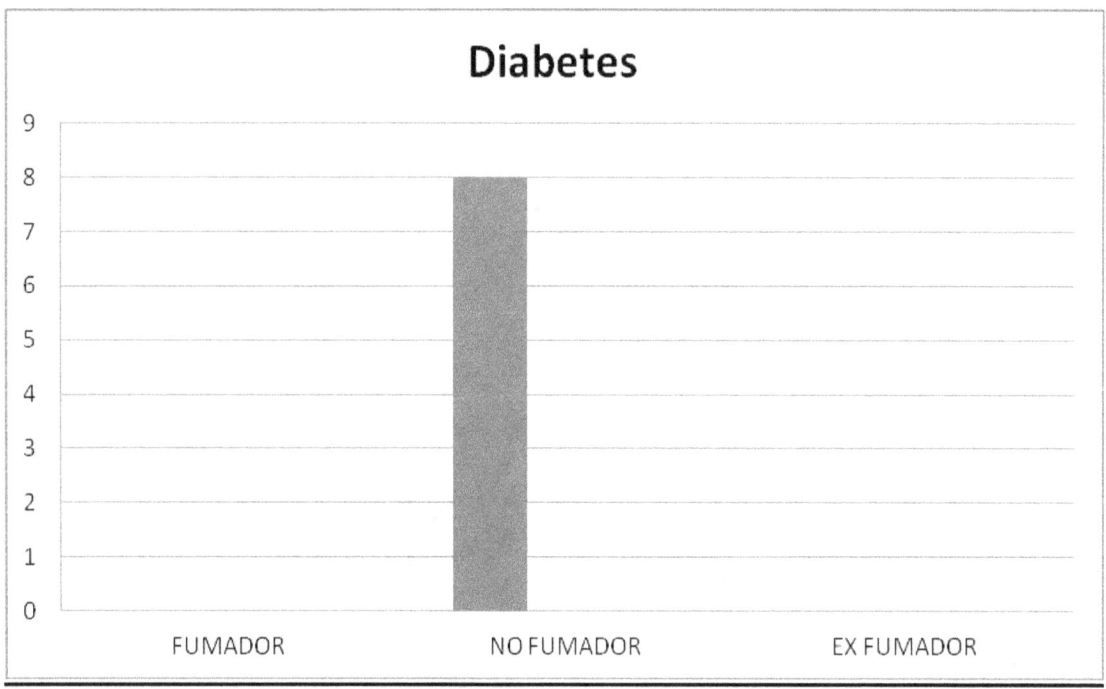

En esta grafica podemos observar que las personas con diabetes no son fumadoras

DESHIDRATACION

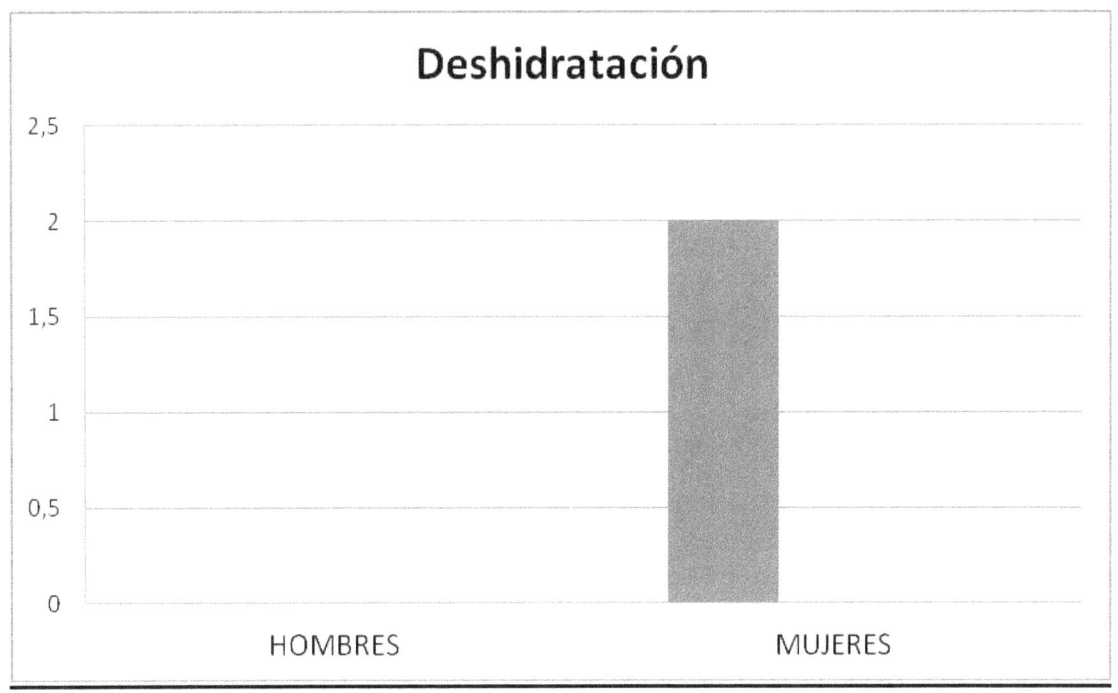

En esta grafica podemos encontrar que hay más mujeres que hombres que sufren deshidratación

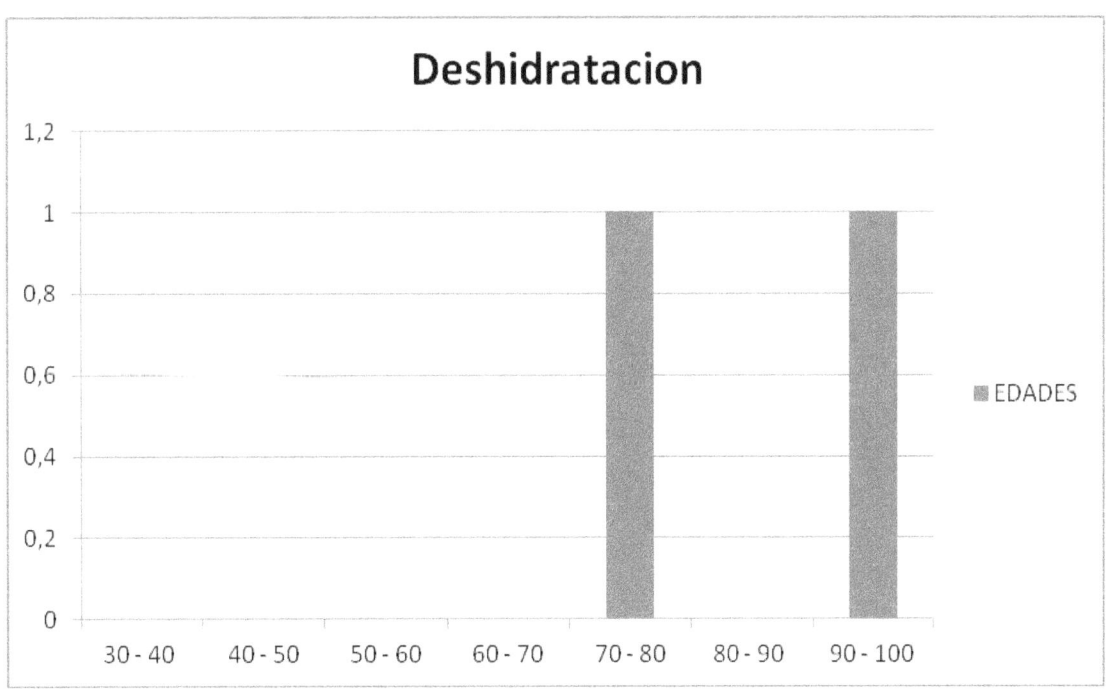

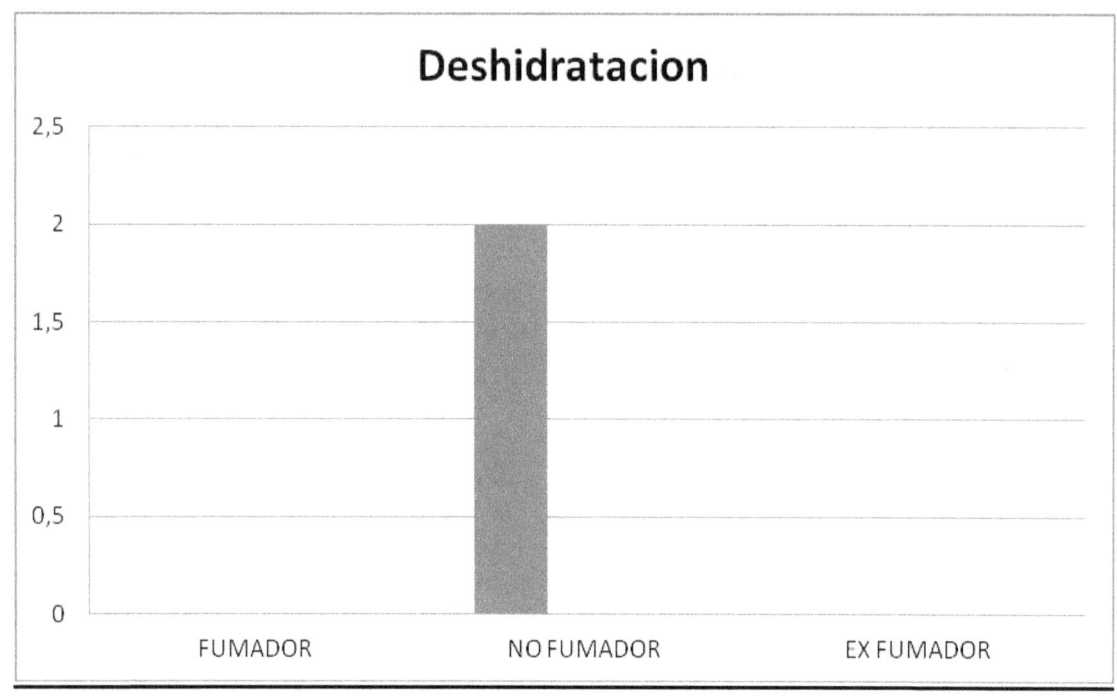

En esta grafica podemos encontrar que las personas que sufran deshidratación no son fumadoras

HIPOSMOLARIDAD

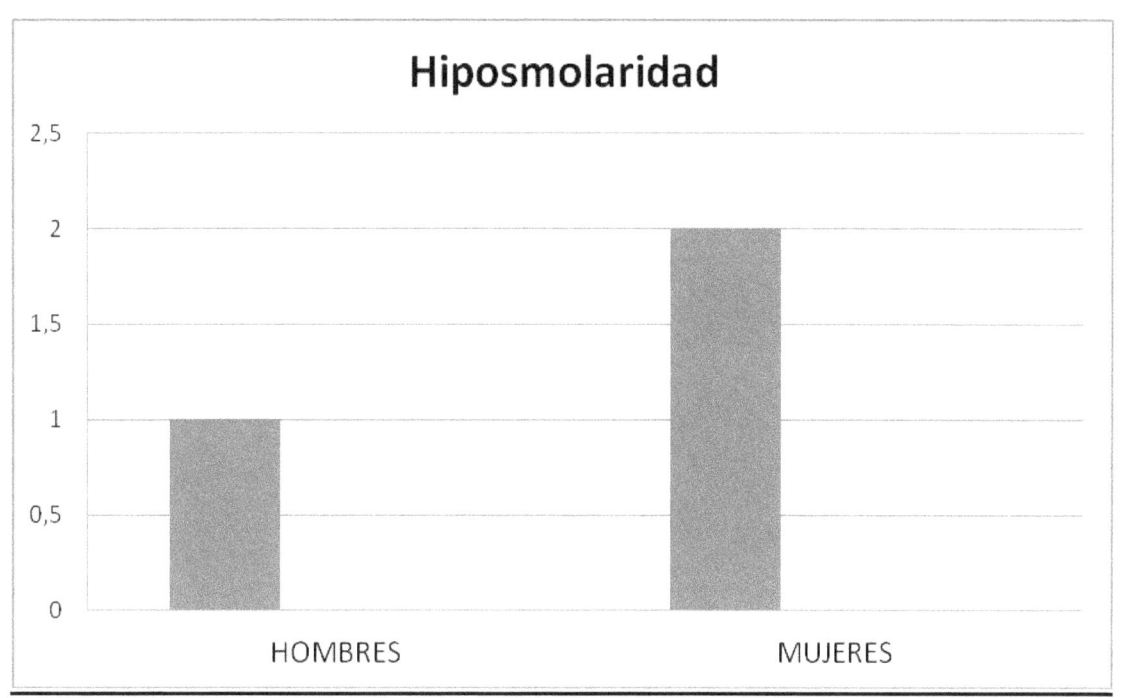

Esta grafica representa que hay mas mujeres con hiposmolaridad que hombres

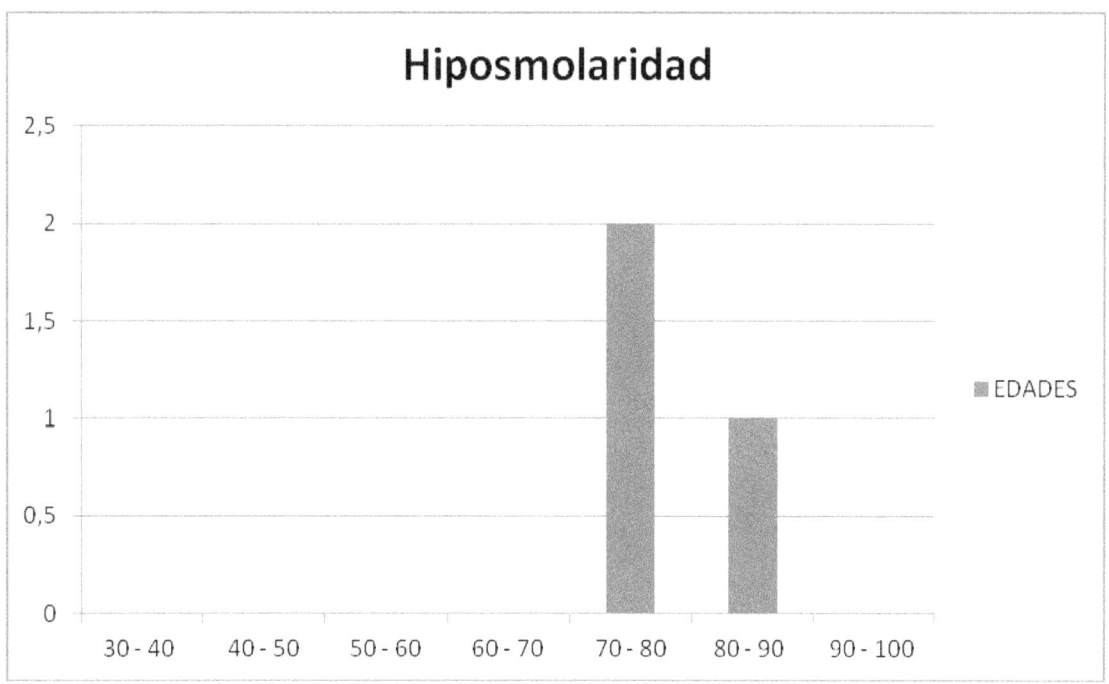

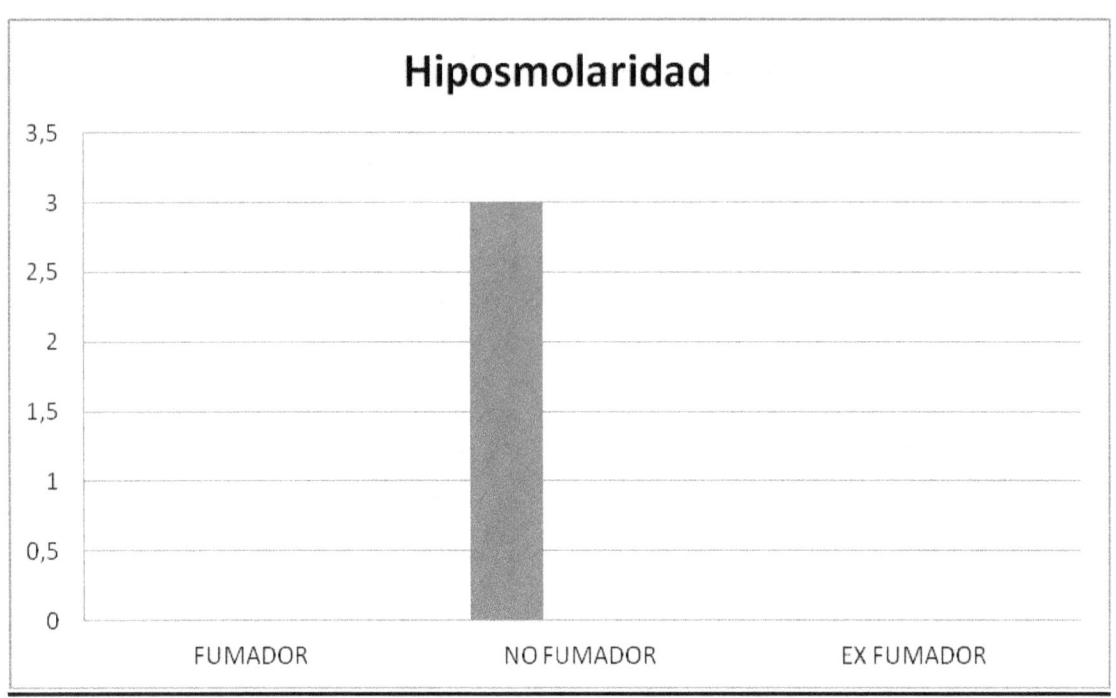

CAPÍTULO V
ONCOLOGÍA

Es la especialidad de la medicina interna que se dedica al diagnóstico y tratamiento médico de las neoplasias (tumores benignos y malignos), pero con especial atención a los malignos, esto es, el cáncer.

ENFERMEDADES	Mujeres	Hombres	Media años	Fumador/a
Neoplasia maligna	11	36	75	8
Neoplasia benigna	1	2	77	no

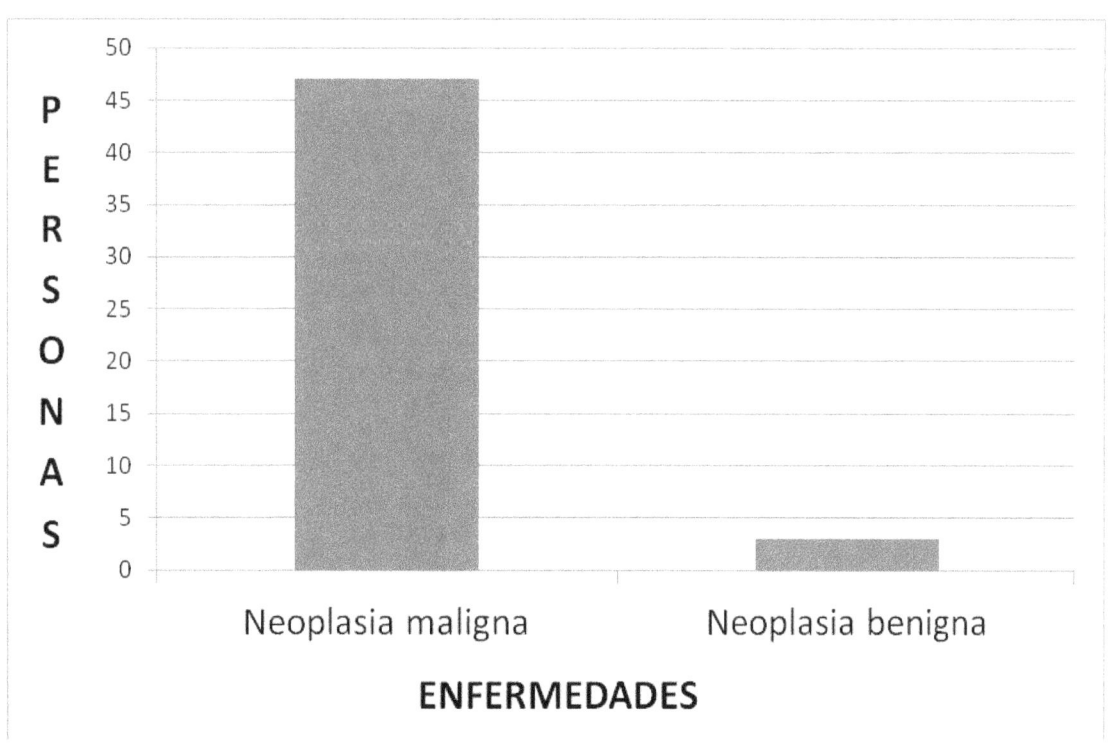

Esta grafica representa el número de personas que padecen neoplasia maligna con respecto a las personas que padecen neoplasia benigna y como podemos observar el número de personas con neoplasia maligna es superior al de la neoplasia benigna.

NEOPLASIA MALIGNA

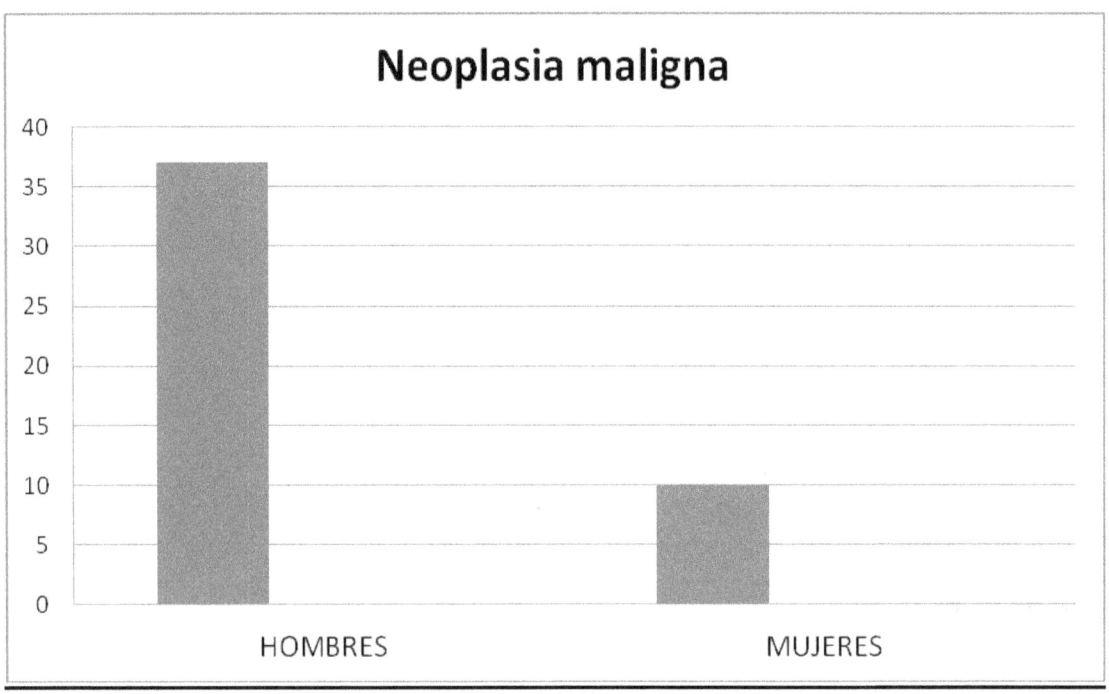

Esta grafica representa el número de mujeres y hombres que padecen neoplasia maligna y como observamos hay mas hombres que mujeres.

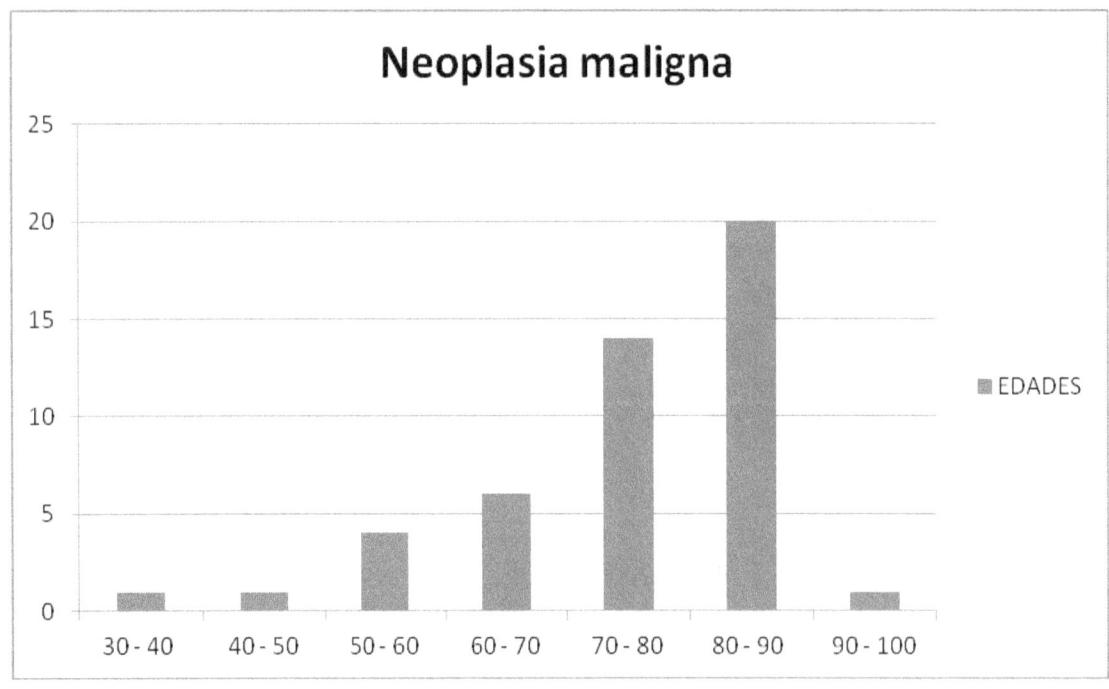

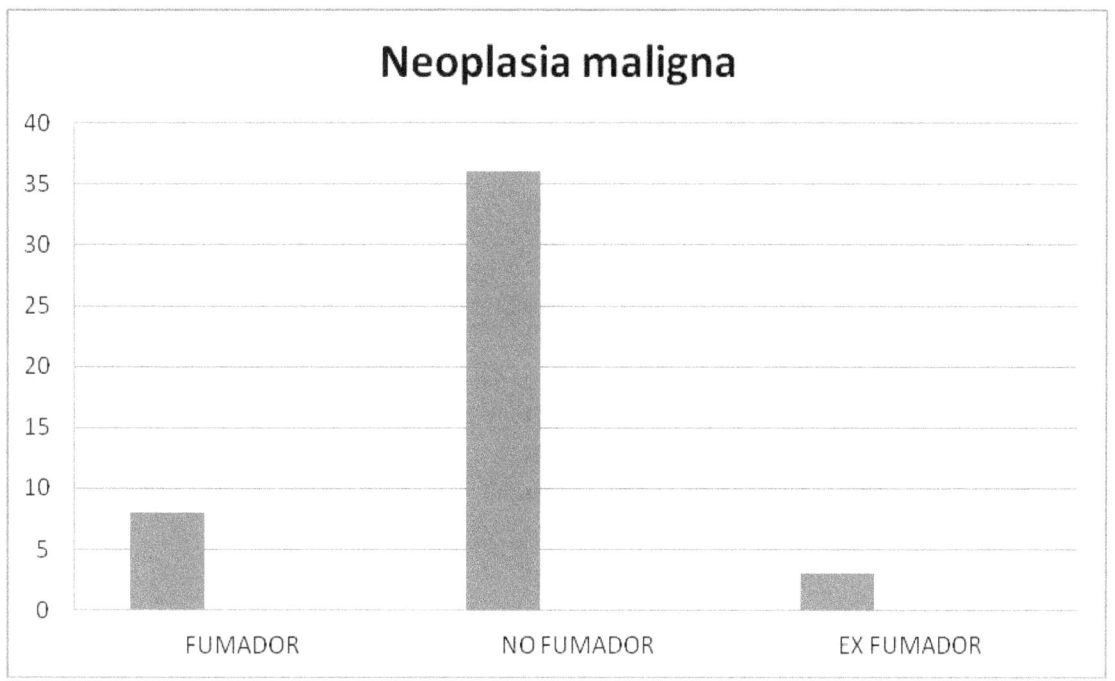

Esta grafica representa que en la neoplasia maligna el numero de personas que no fuman es mayor que el de personas fumadoras o ex fumadoras.

NEOPLASIA BENIGNA

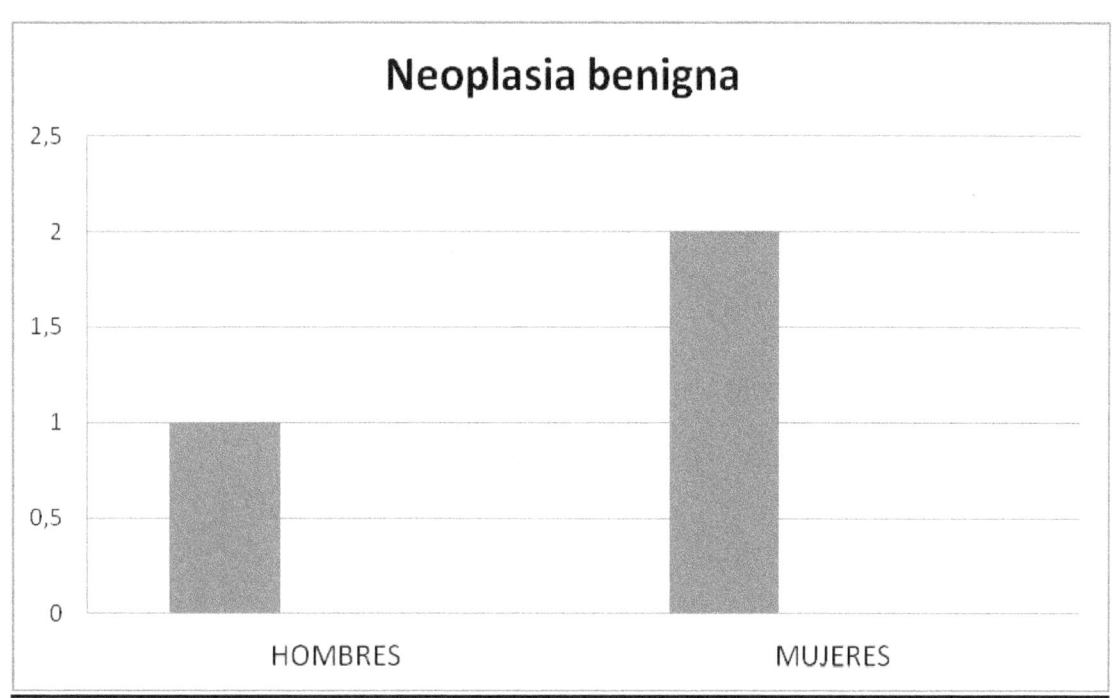

Esta grafica representa que hay mas mujeres que padecen neoplasia benigna que hombres.

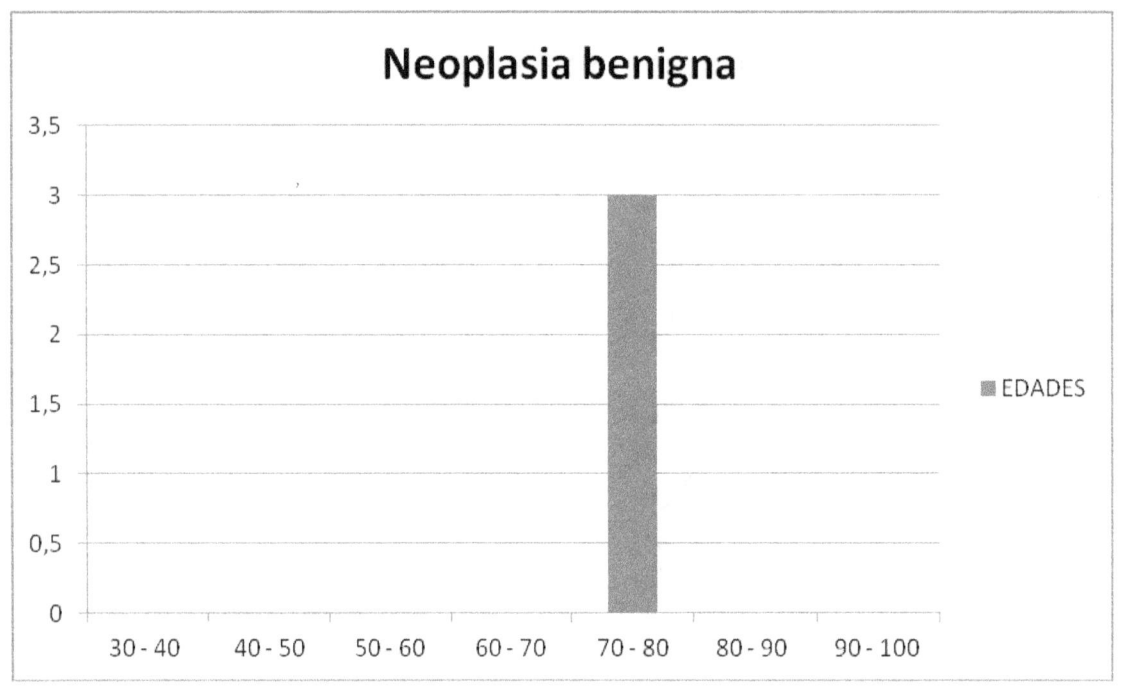

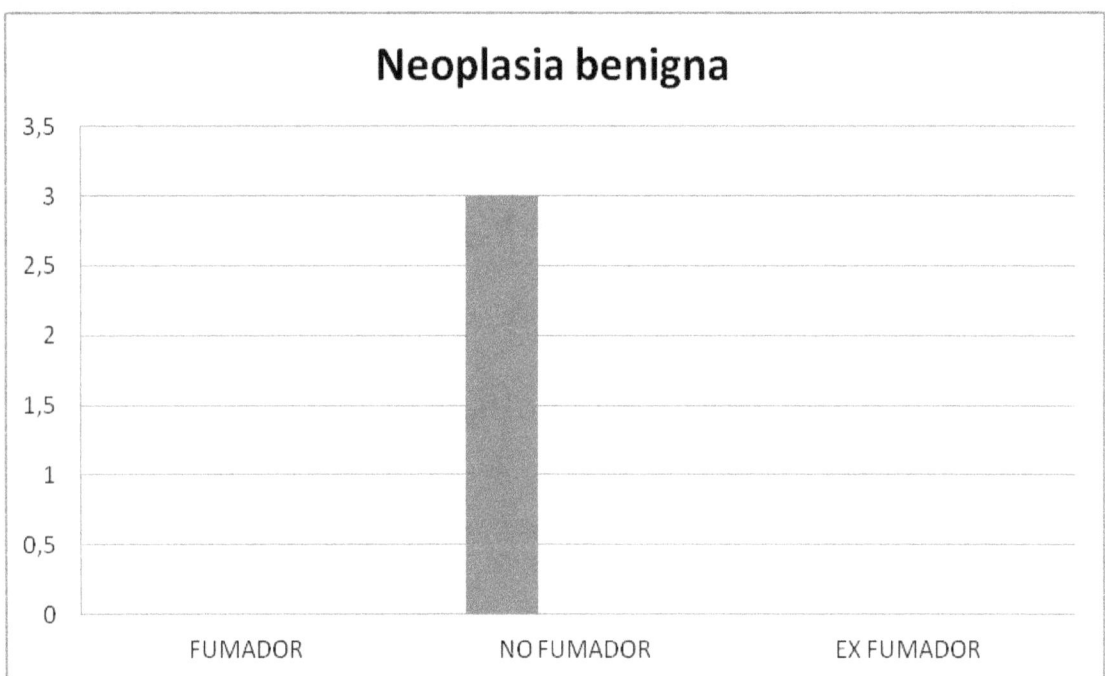

Esta grafica representa que la mayoría de las personas con neoplasia benigna no son fumadoras.

CAPÍTULO VI
INFECCIOSOS

Es una subespecialidad de la medicina interna que se encarga del estudio, la prevención, el diagnóstico, tratamiento y pronóstico de las enfermedades producidas por agentes infecciosos.

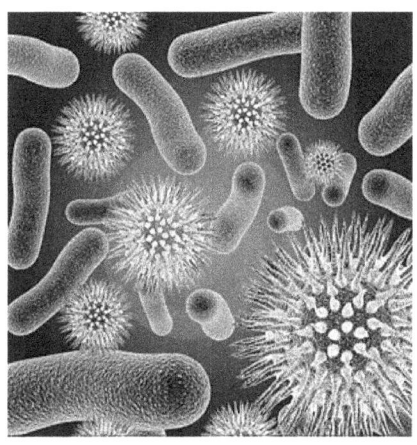

ENFERMEDADES	Mujeres	Hombres	Media años	Fumador/a
Septicemia	1	4	71	1
Fiebre	2	2	51	no
Hepatitis viral		2	42	2
Polineuritis	1	1	41	1
Sida		2	39	no

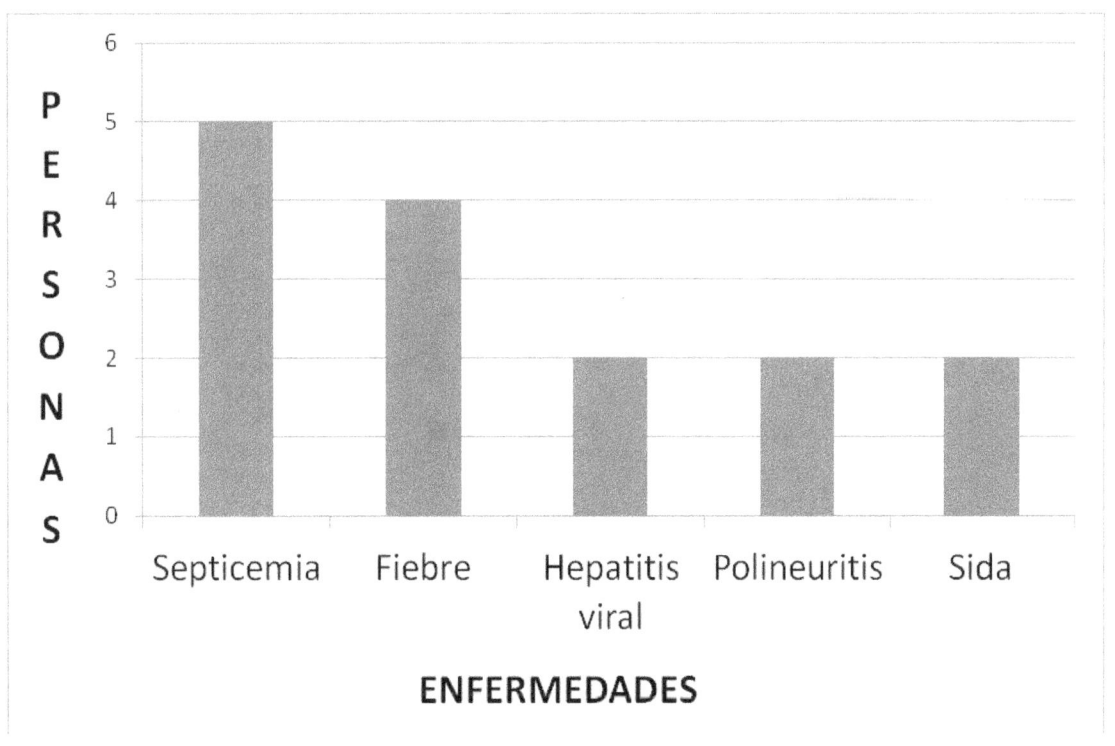

Esta grafica representa que el numero de personas con septicemia es superior al de la fiebre, la hepatitis, la polineuritis y el sida.

SEPTICEMIA

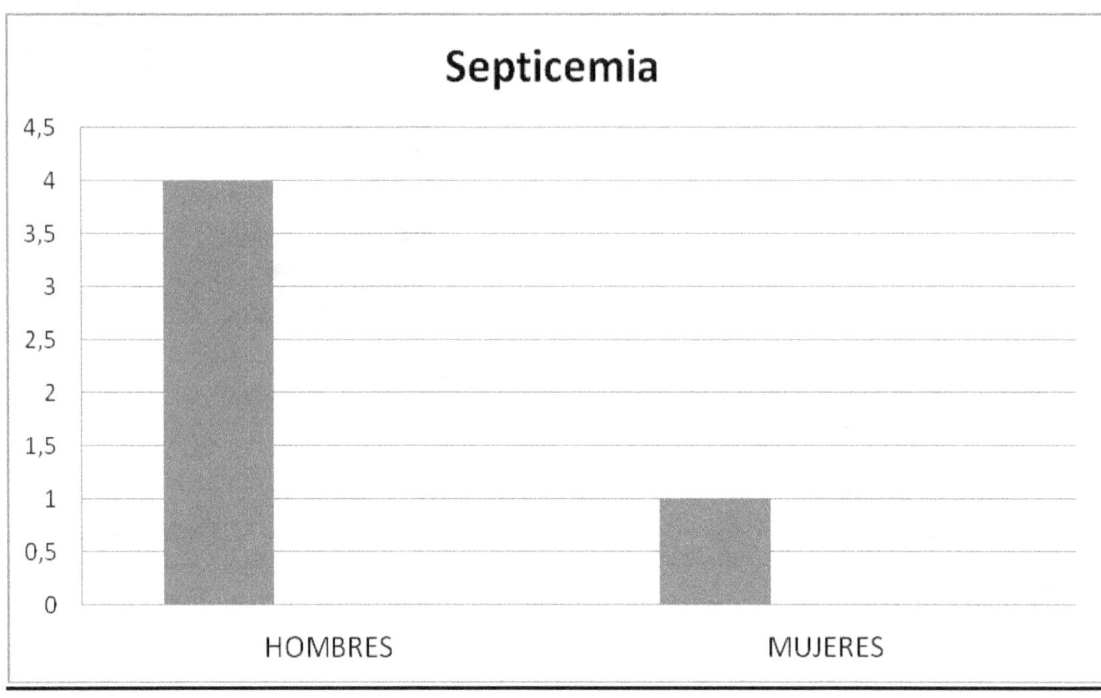

Esta grafica representa que el numero de personas con septicemia es mayor en los hombres que en las mujeres.

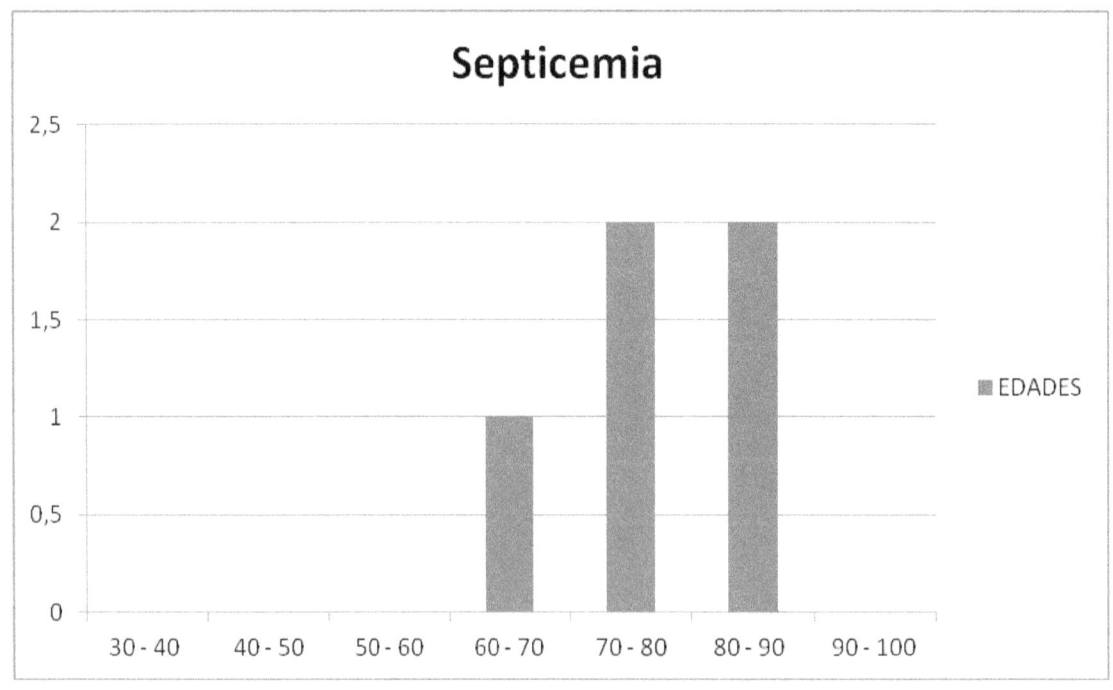

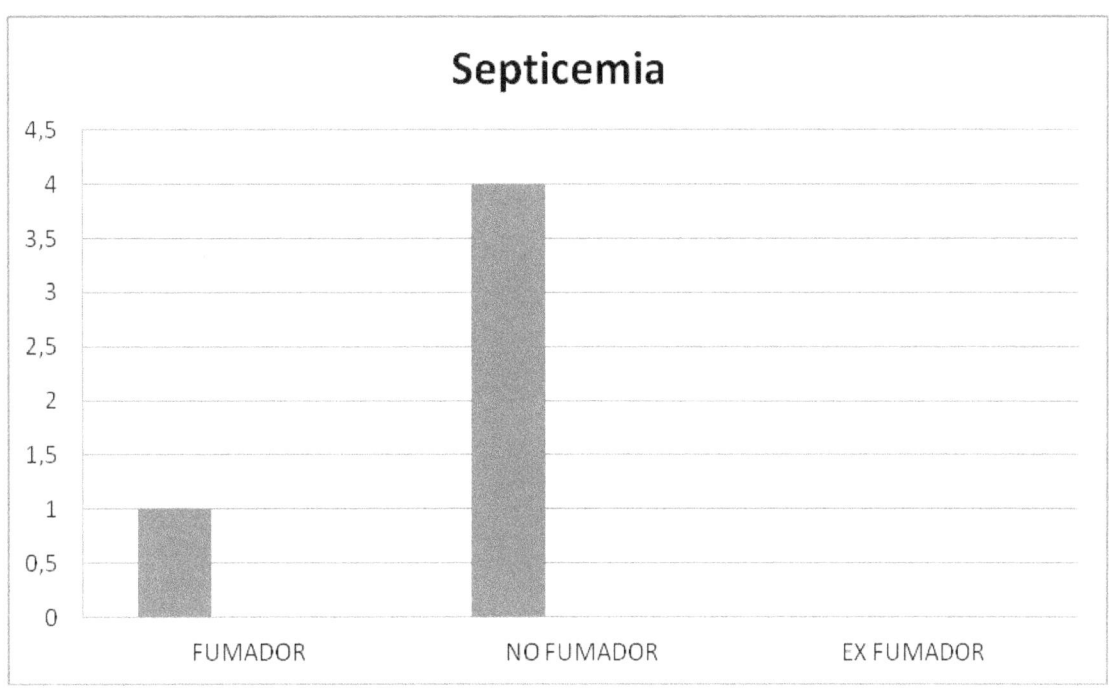

Esta grafica representa que la mayoría de las personas con septicemia no son fumadoras.

FIEBRE

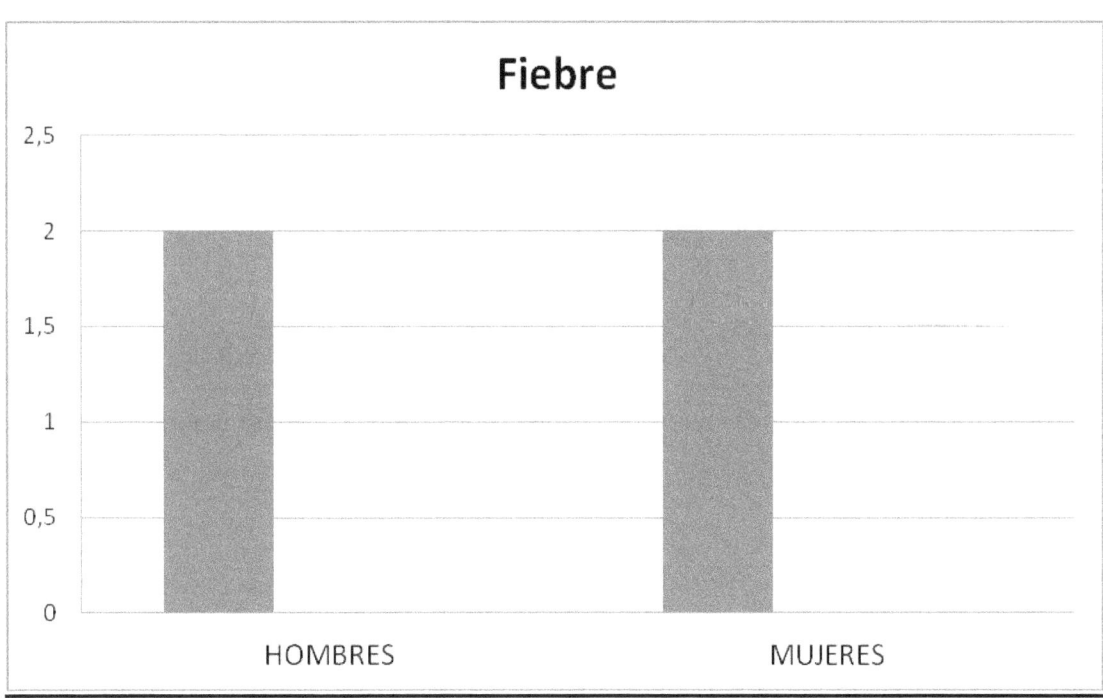

Esta grafica representa que el número de personas con fiebre es igual en mujeres que en hombres.

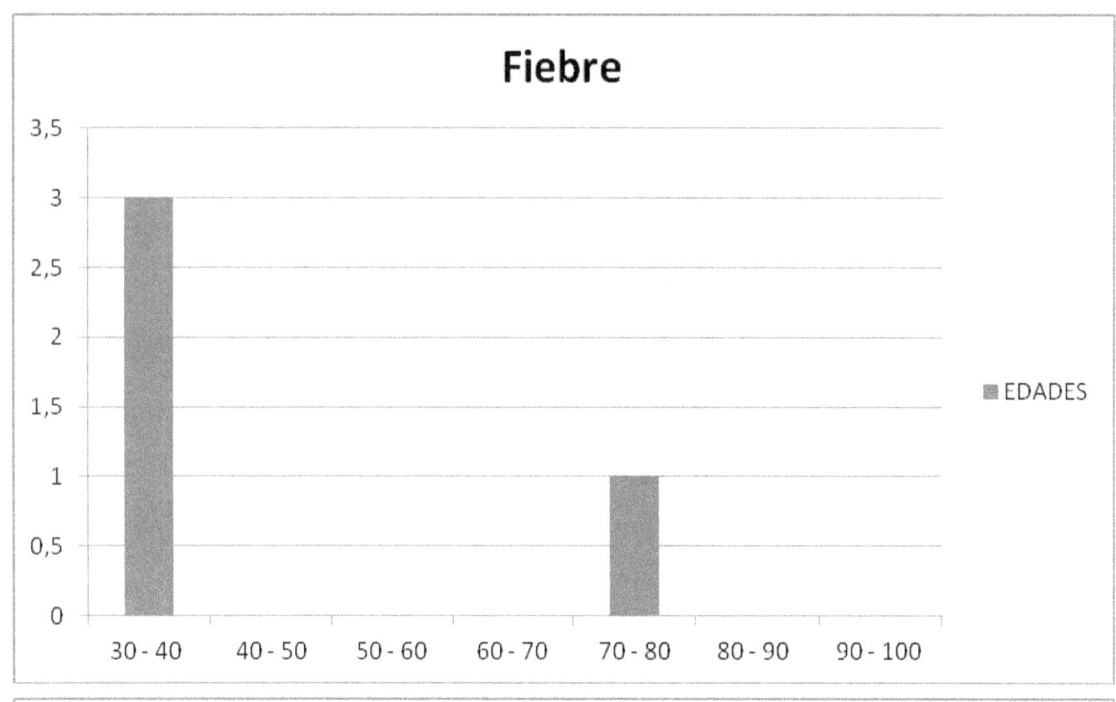

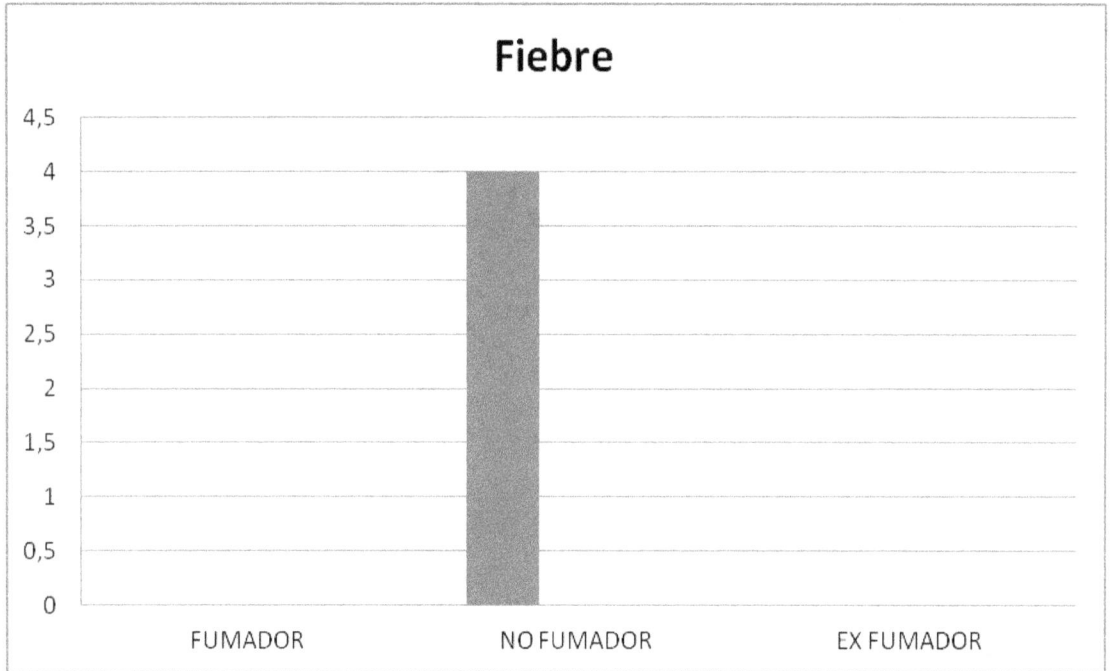

Esta grafica representa que la mayoría de las personas con fiebre no son fumadoras.

HEPATITIS VIRAL

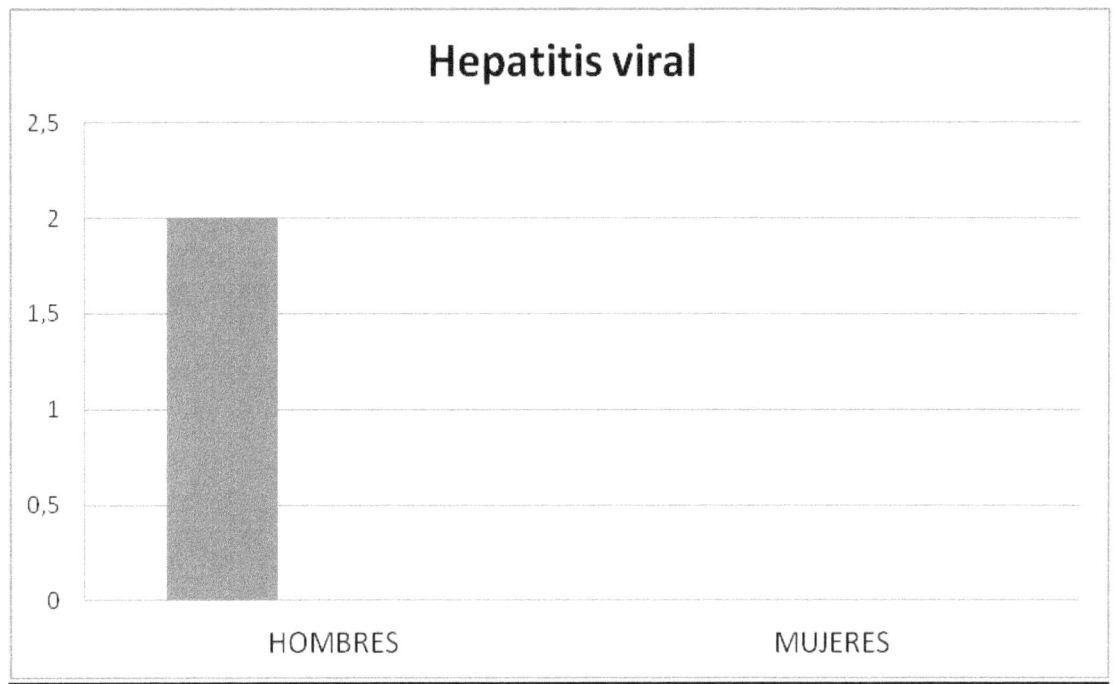

Esta grafica representa que el número de hombres con hepatitis es superior al de las mujeres.

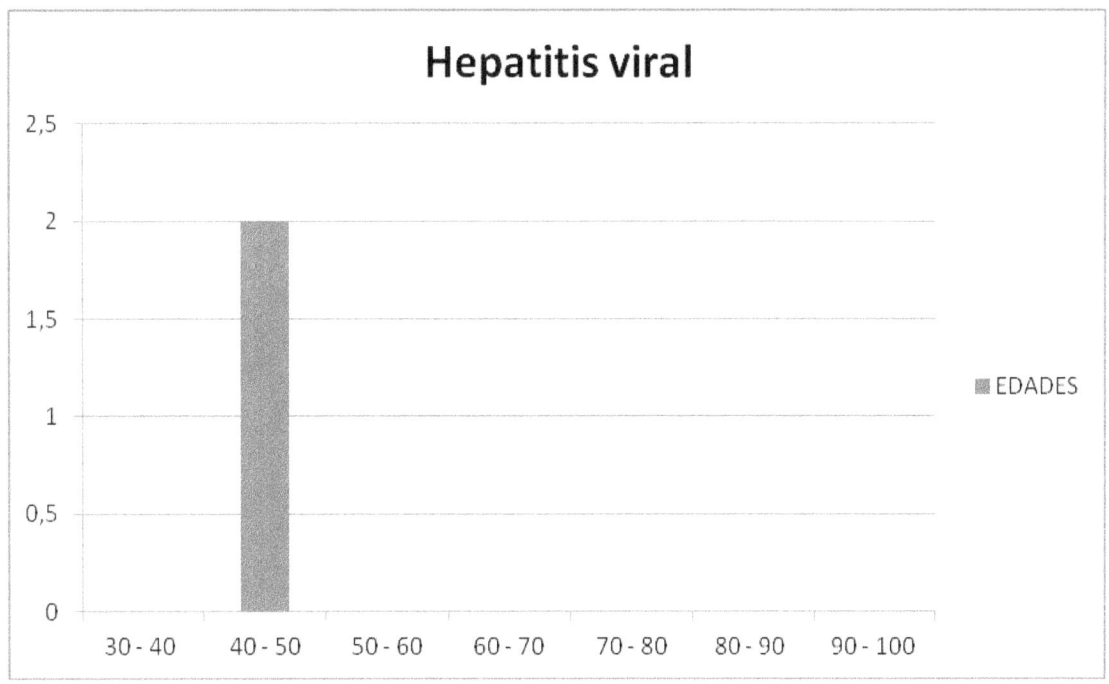

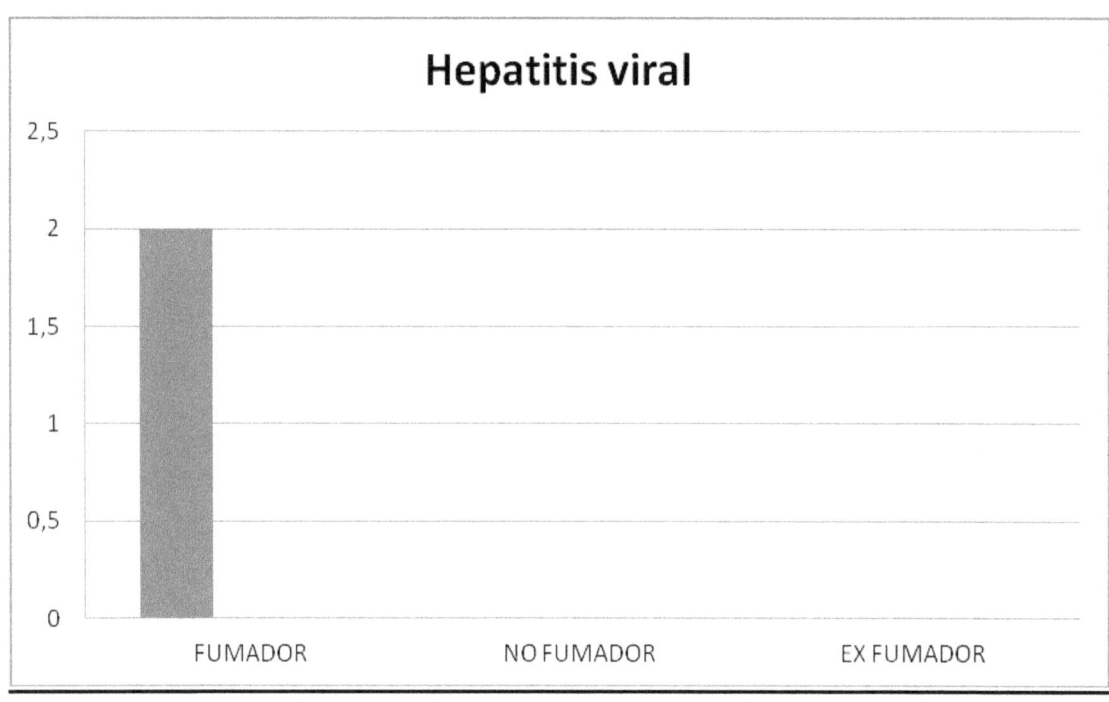

Esta grafica representa que la mayoría de las personas con hepatitis viral son fumadoras

POLINEURITIS

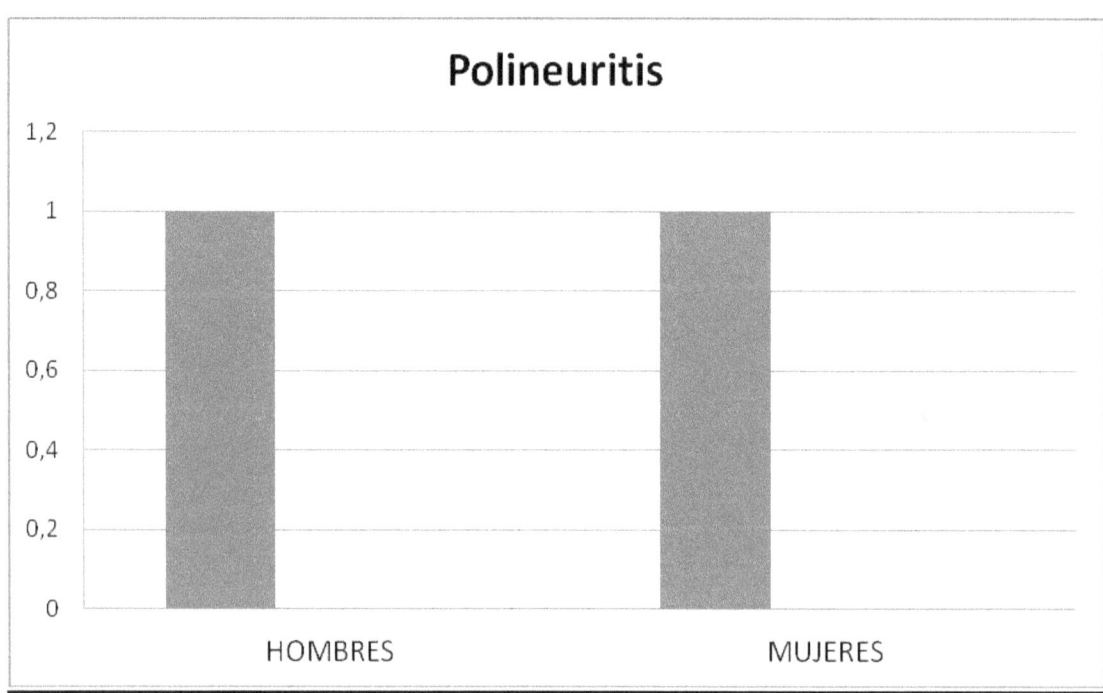

Esta grafica representa que el número de mujeres con polineuritis es igual que el de hombres

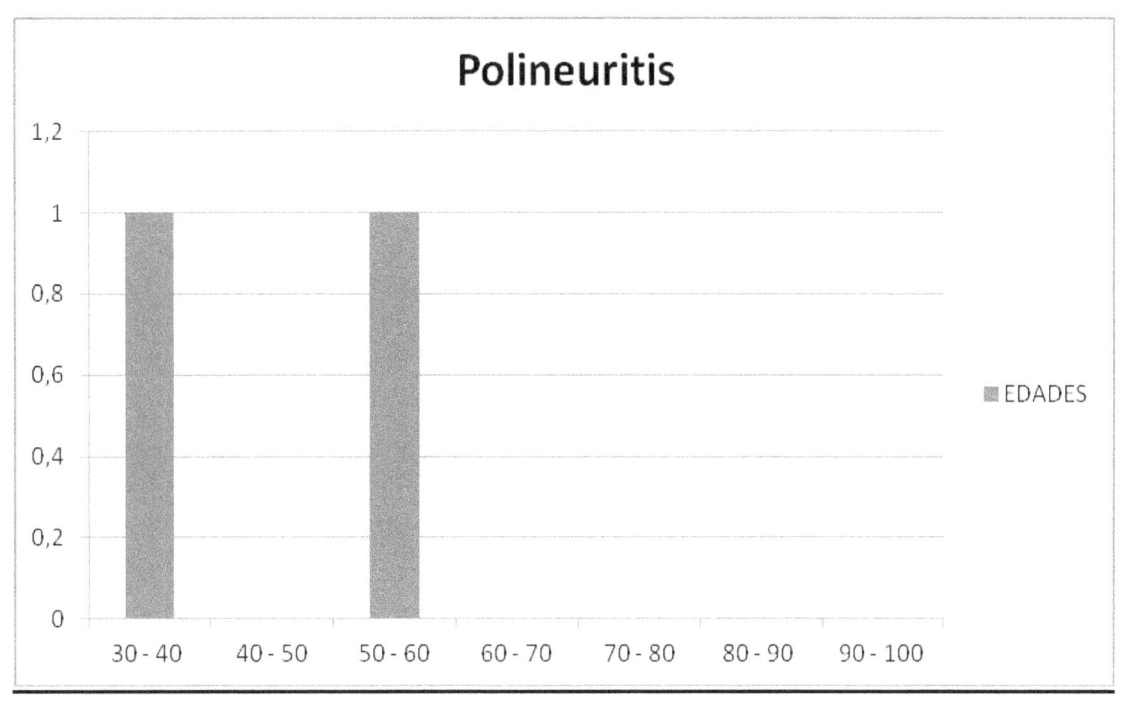

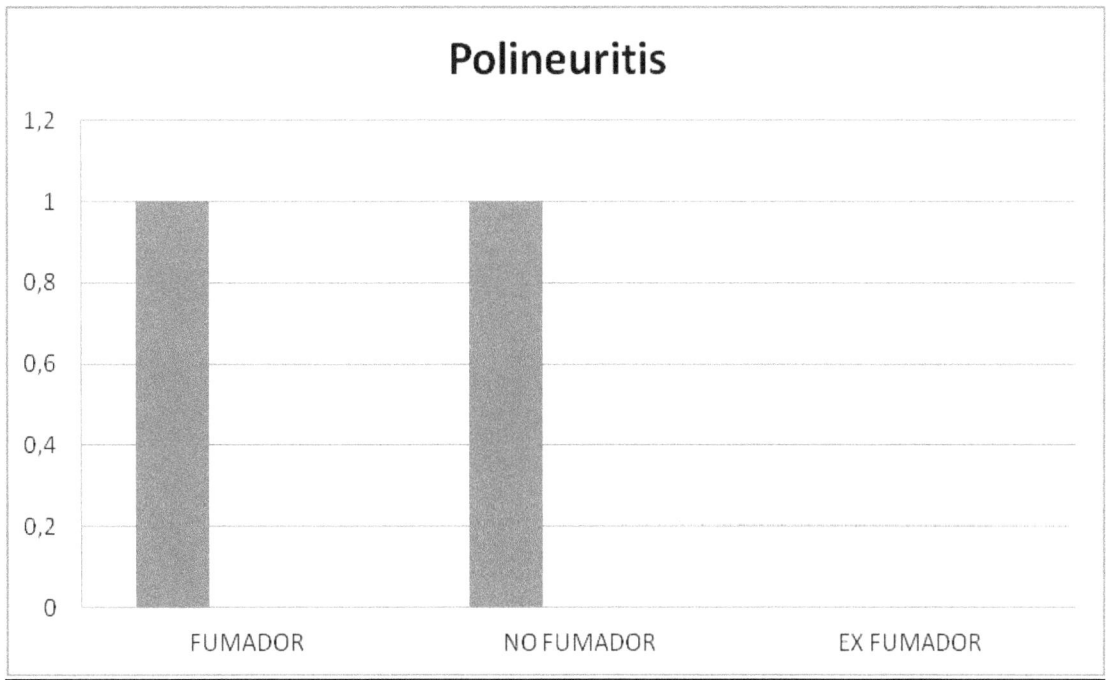

Esta grafica representa que el número de fumadores y no fumadores que sufren polineuritis es igual

SIDA

Esta grafica representa que el número de hombres con sida es superior al de las mujeres

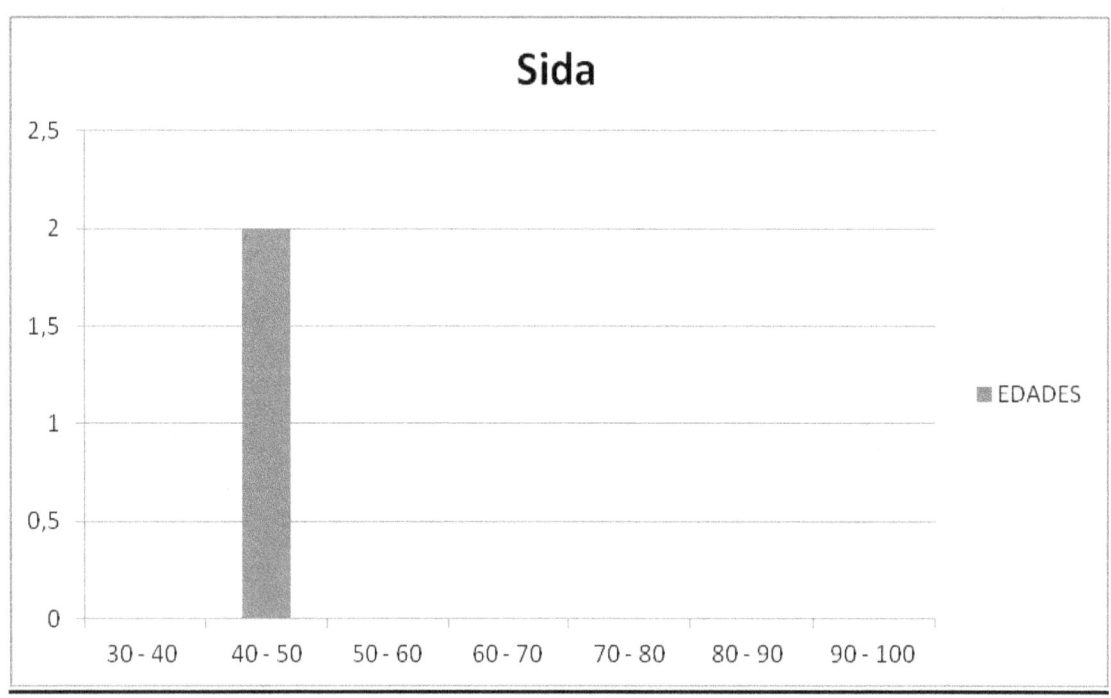

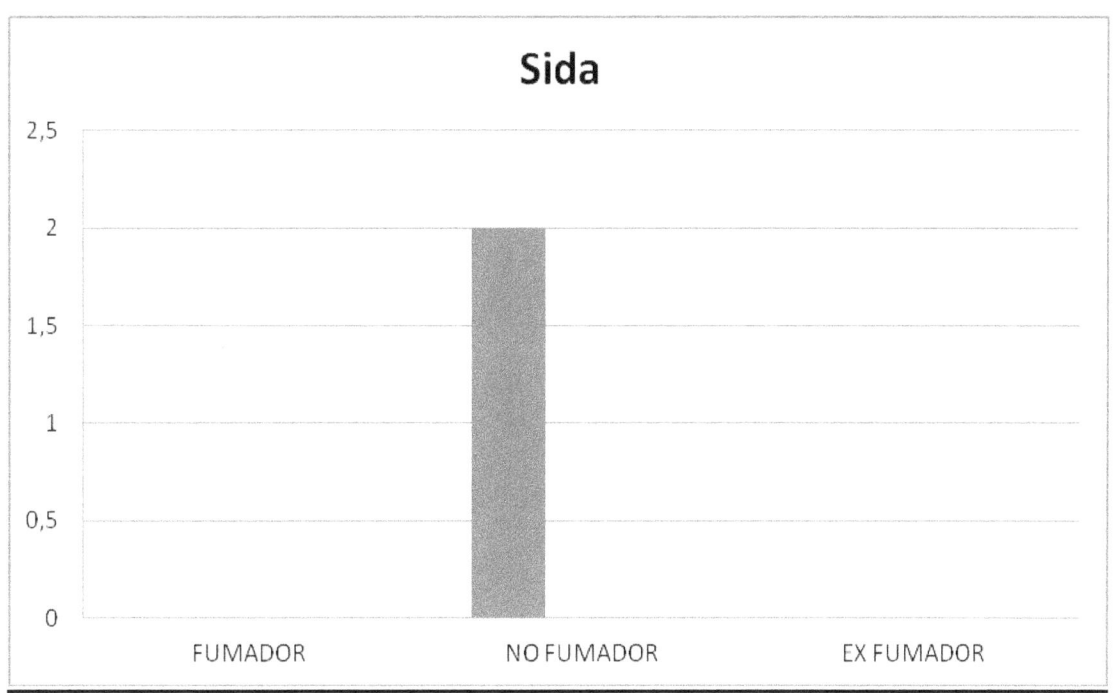

Esta grafica representa que las personas que padecen sida no son fumadoras

CAPÍTULO VII
NEUMOLOGÍA

Es la especialidad médica que se encarga de tratar las enfermedades del sistema respiratorio.

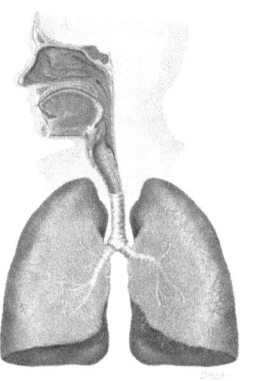

ENFERMEDAD	HOMBRE	MUJER	MEDIA AÑOS	FUMADOR
Neumonía	37	23	74	6
Fracaso Respiratorio	41	19	77	9
Pleuresía bacteriana	7	4	76	2
Bronquiectasias	6	3	60	1
EPOC	8	1	80	0
Infarto Pulmonar	2	6	77	2
Derrame Pleural	6	1	69	1
Enfermedad del Sistema Respiratorio	4	0	78	1
Neumonitis	2	2	78	0
Neumotórax por tensión	1	1	70	0
Tos	1	1	55	1
Asma obstructivo crónico	1	1	83	1
Absceso Pulmón	2	0	44	0
Empiema	2	0	82	1
Efusión Pleural	1	0	69	1
Edema Pulmonar	0	1	82	0
Cor Pulmonale	1	0	67	0
Apnea Obstructiva Sueño	1	0	75	1
Enfisema Pulmonar	1	0	83	0
Complicación Respiratoria	1	0	70	1

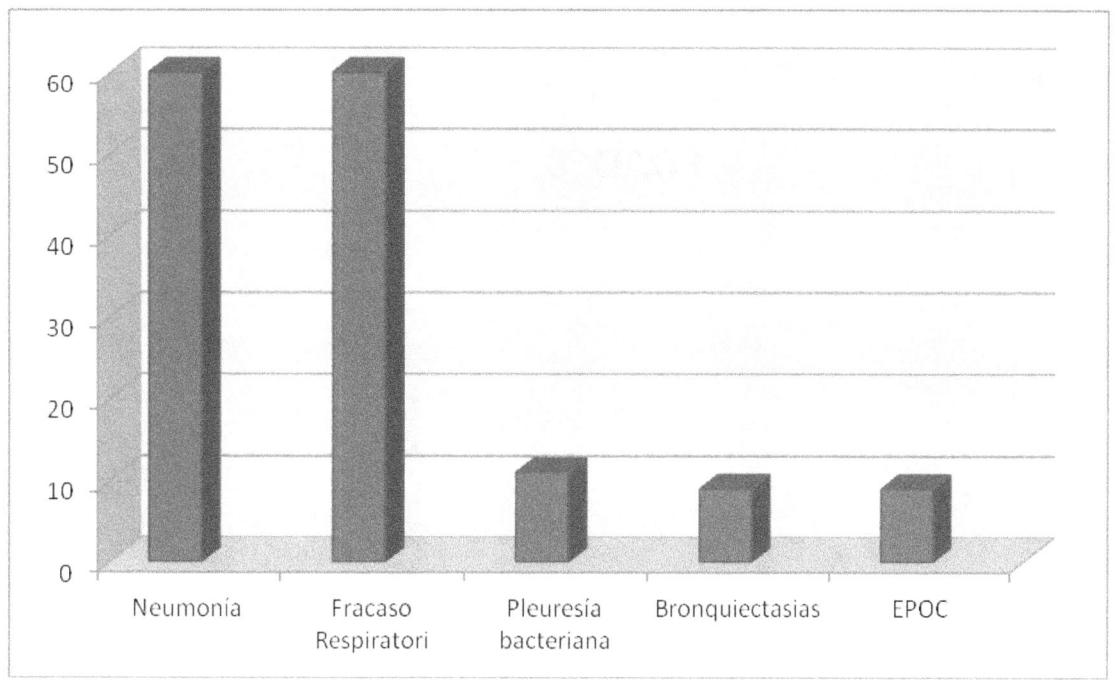

En las gráfica solo hemos puesto las enfermedades más frecuentes ya que las demás, aunque también son frecuentes solo las padecen muy pocos pacientes, por eso aunque el estudio ya se muestra en la tabla en las gráficas solo vamos a poner 5 o 6 enfermedades.

En esta gráfica podemos ver que la enfermedad por la que más pacientes han ingresado ha sido por Neumonía que hay un total de 60 pacientes, al igual que ocurre con el fracaso respiratorio.

NEUMONÍA

Gráfica sexos

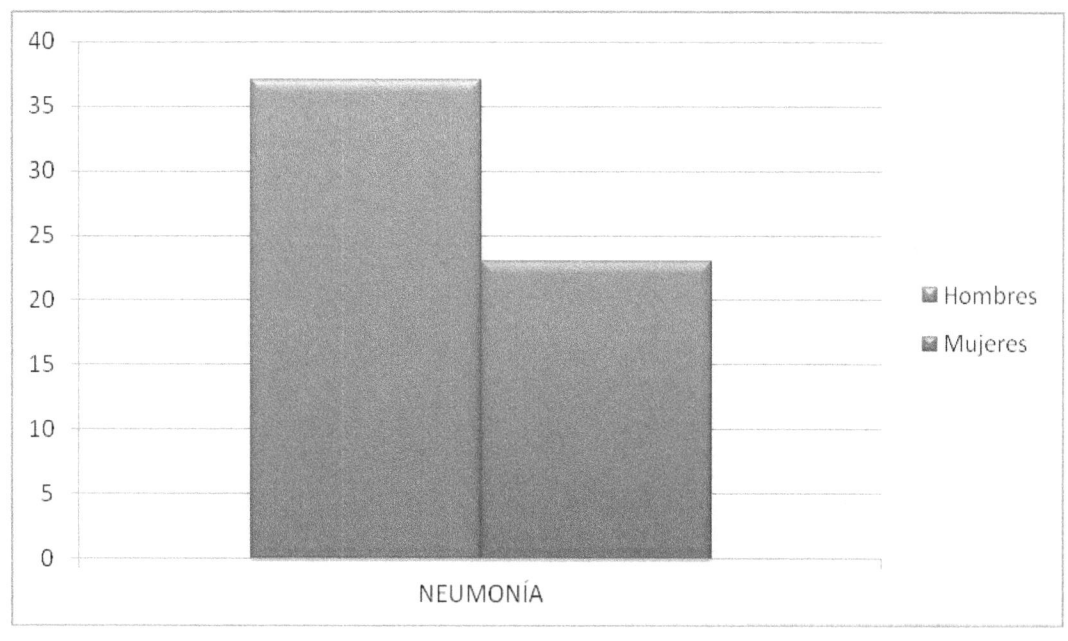

En esta gráfica se puede ver que hay mayoría de hombres que de mujeres que padecen la enfermedad.

Gráfica Edades

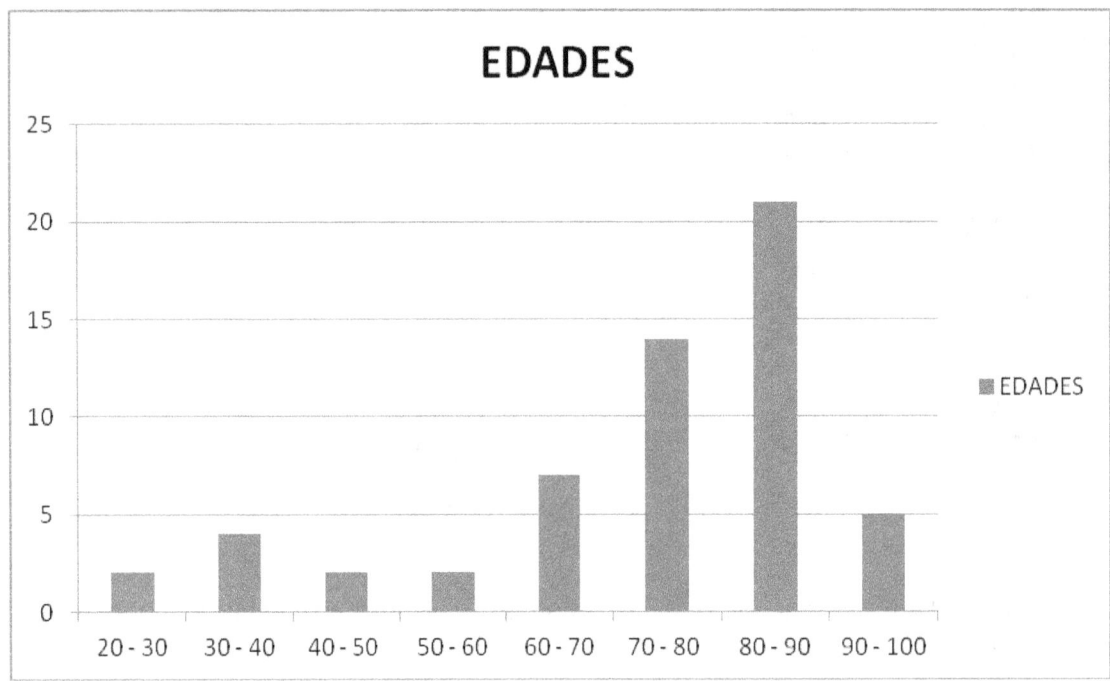

La edad a la que más personas padecen neumonía se sitúa entre 70 y 90 años aunque la media se sitúa en 74 años.

Gráfica Fumadores

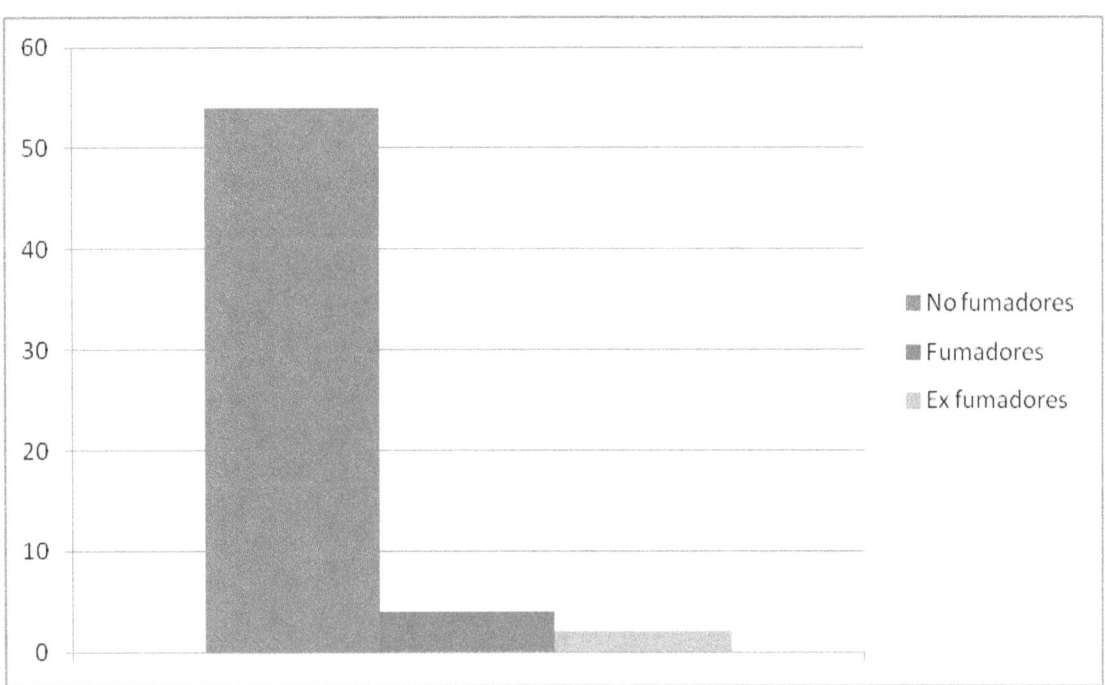

Podemos comprobar que de las 60 personas que han ingresado por neumonía solo 6 de ellas han fumado y de esas 6 personas ya dos tampoco fuman porque son ex fumadores.

FRACASO RESPIRATORIO

Gráfica Sexos

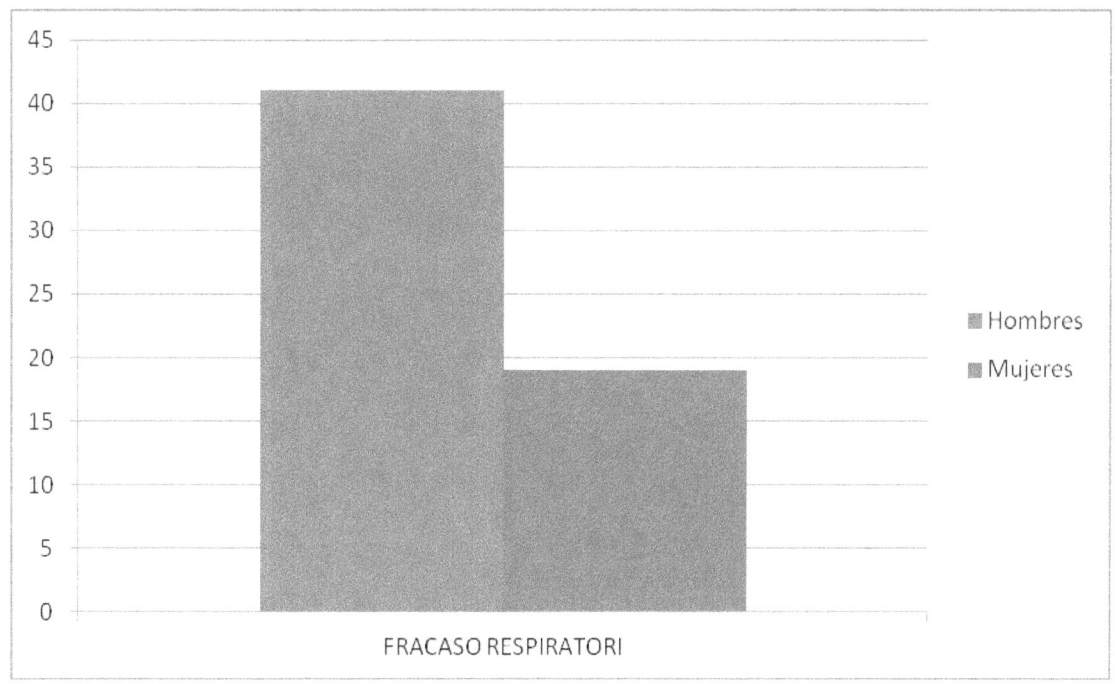

Podemos comprobar que hay más cantidad de hombres que de mujeres que padecen la enfermedad.

Gráfica Edades

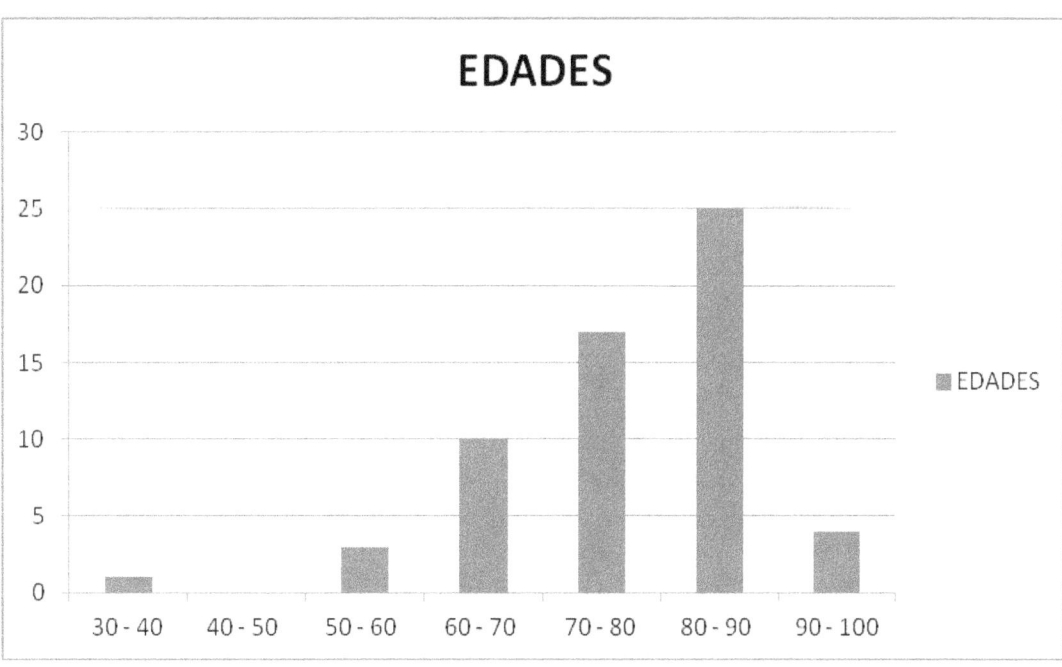

Al igual que en la gráfica de edades de la neumonía, la grafica del fracaso respiratorio por edades es parecida ya que la edad a la que se padece se encuentra entre 70 y 90, pero en este caso la edad media es más alta, 77 años.

Gráfica Fumadores

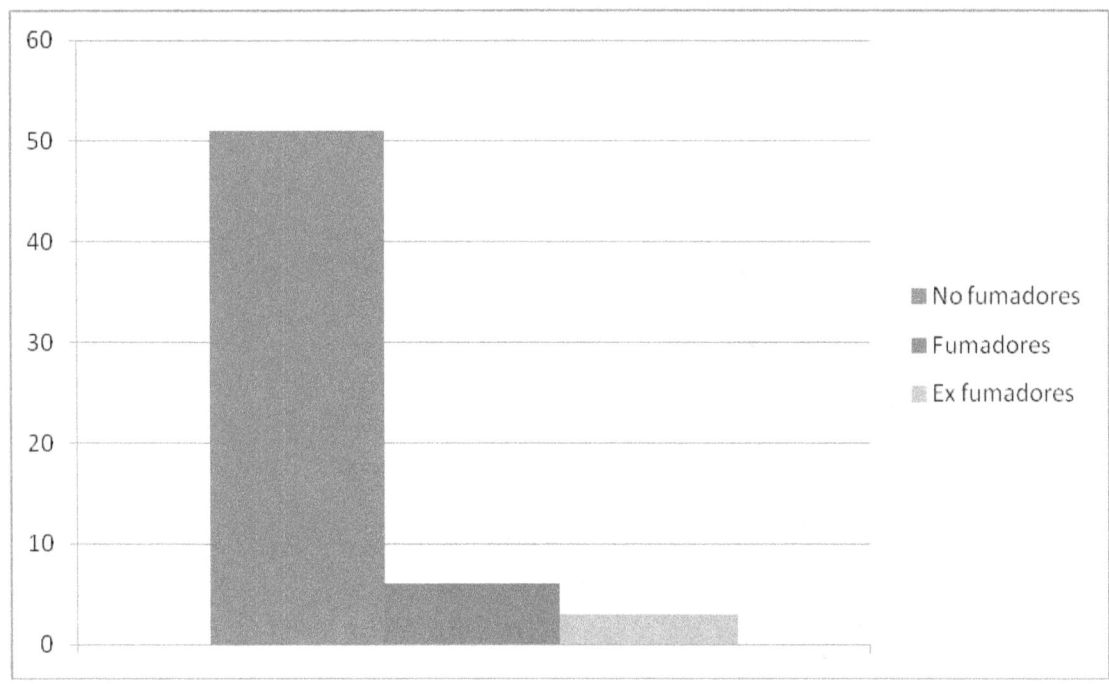

De las 60 personas que padecen la enfermedad, han fumado 9 de ellas y 3 de ellas ya no fuman, son es fumadores. Hay más fumadores que en la neumonía

PLEURESÍA BACTERIANA

Gráfica Sexos

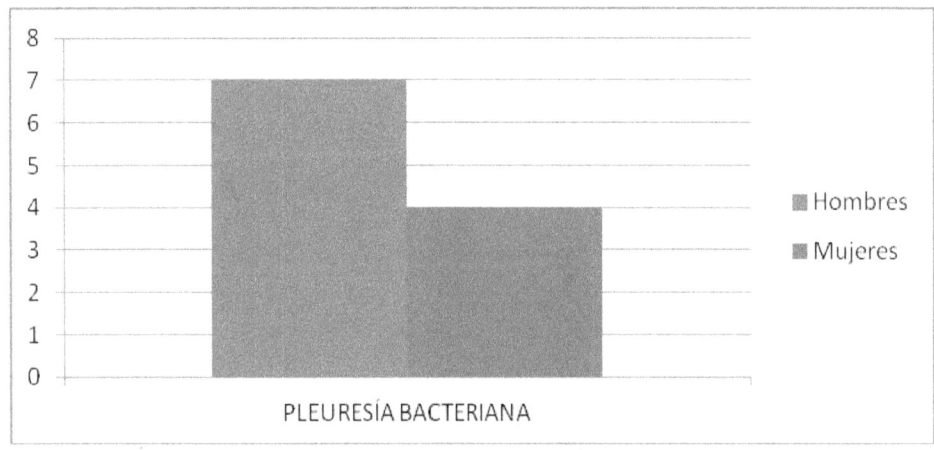

En la pleuresía bacteriana hay más hombres enfermos que mujeres, casi el doble debido a sus diferentes hábitos de vida.

Gráfica Edades

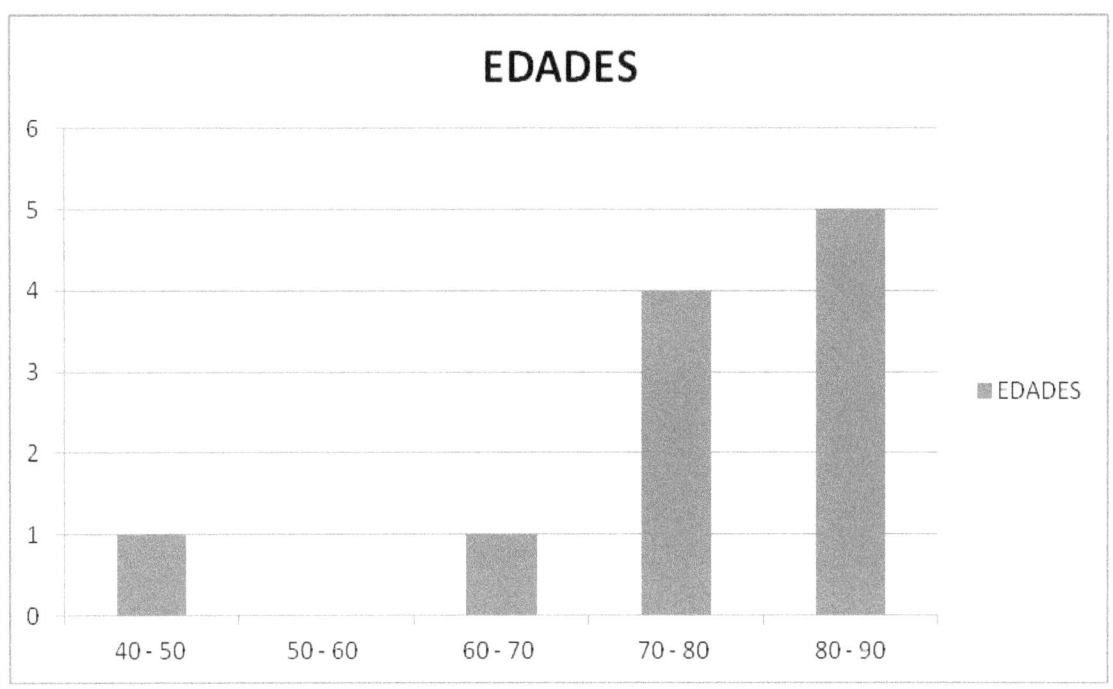

La Edad Media es de 76 años ya que las edades que más abundan se sitúan entre 70 y 90 años.

Gráfica Fumadores

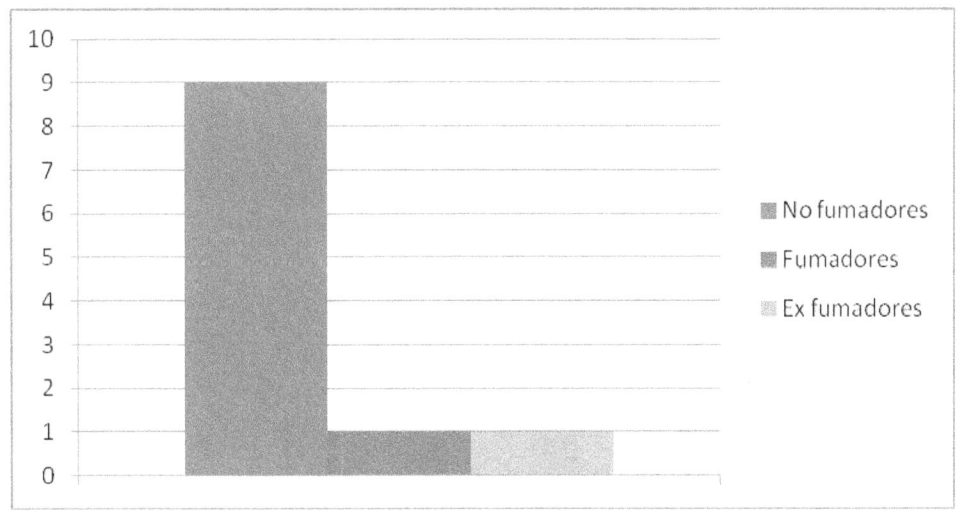

De las 11 personas que padecen pleuresía 2 son fumadores y otros 2 ex fumadores.

BRONQUIECTASIAS

Gráfica Sexos

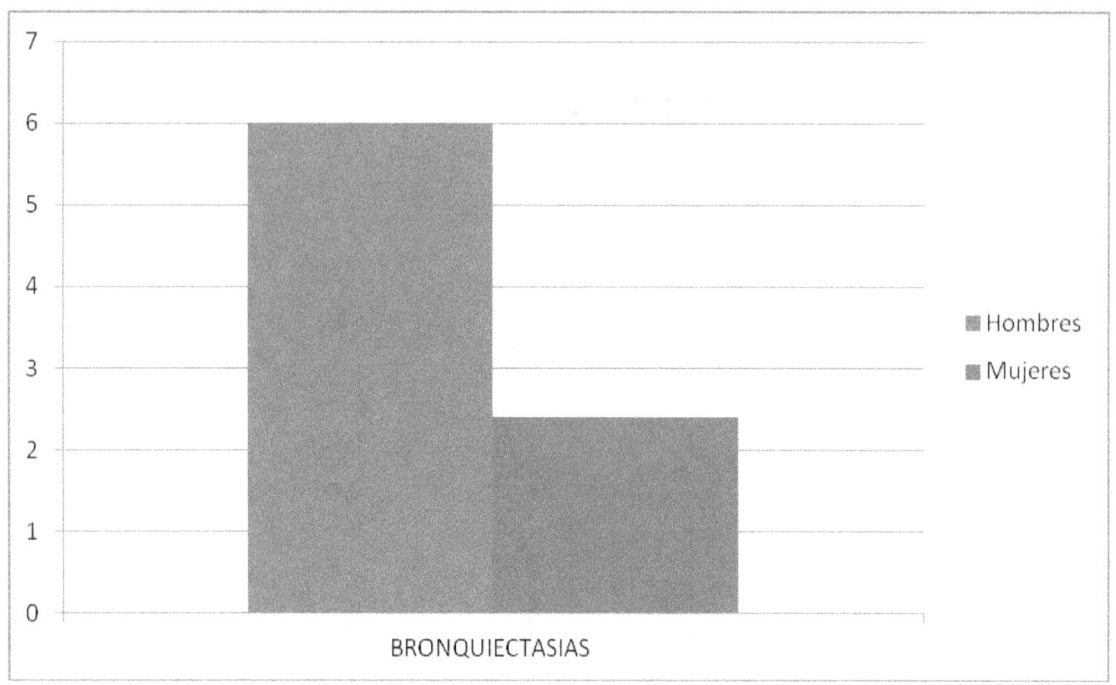

La cantidad de hombres que tienen bronquiectasias es muchísimo mayor que la de mujeres, esto es debido al tabaquismo ya que hay más hombres que fuman que mujeres.

Gráfica Edades

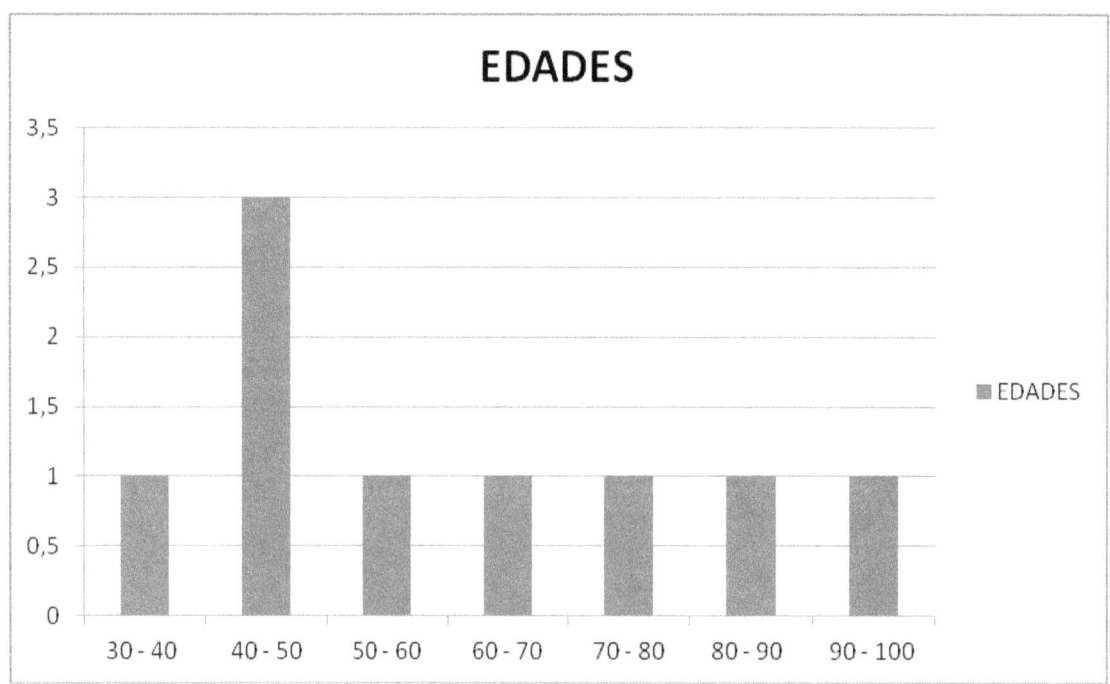

La edad media es de 60 años pero las edades que más abundan son entre 40 y 50 años, una edad bastante joven para sufrir una enfermedad como esta.

Gráfica Fumadores

En esta enfermedad no hay ex fumadores, solo hay un fumador. Esto es extraño ya que las bronquiectasias suelen estar asociadas al tabaquismo.

EPOC

Gráfica Sexos

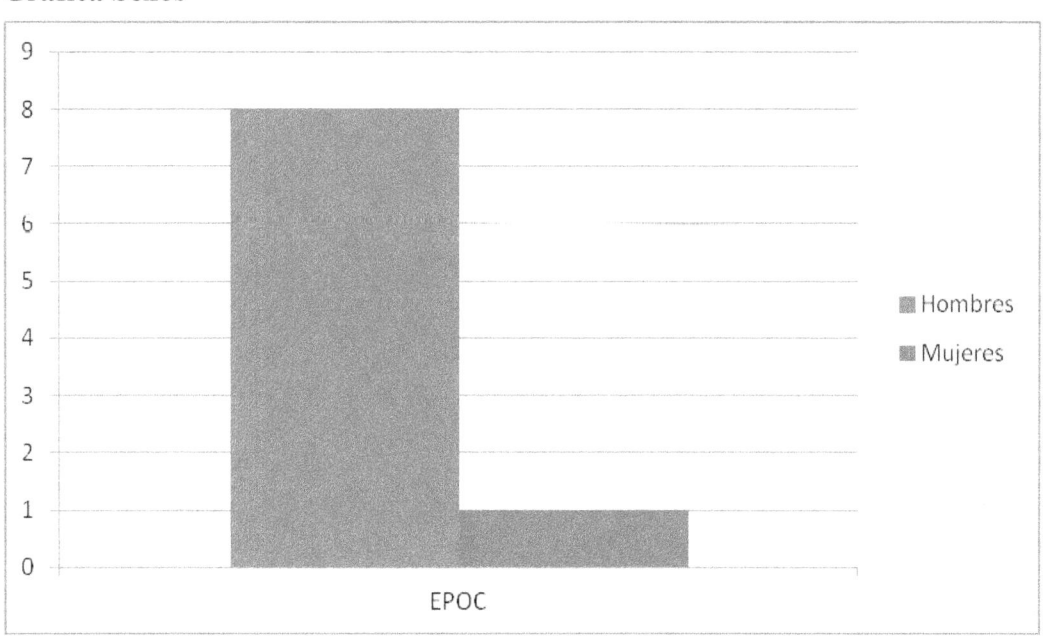

Esta enfermedad es más frecuente en hombres que en mujeres.

Gráfica Edades

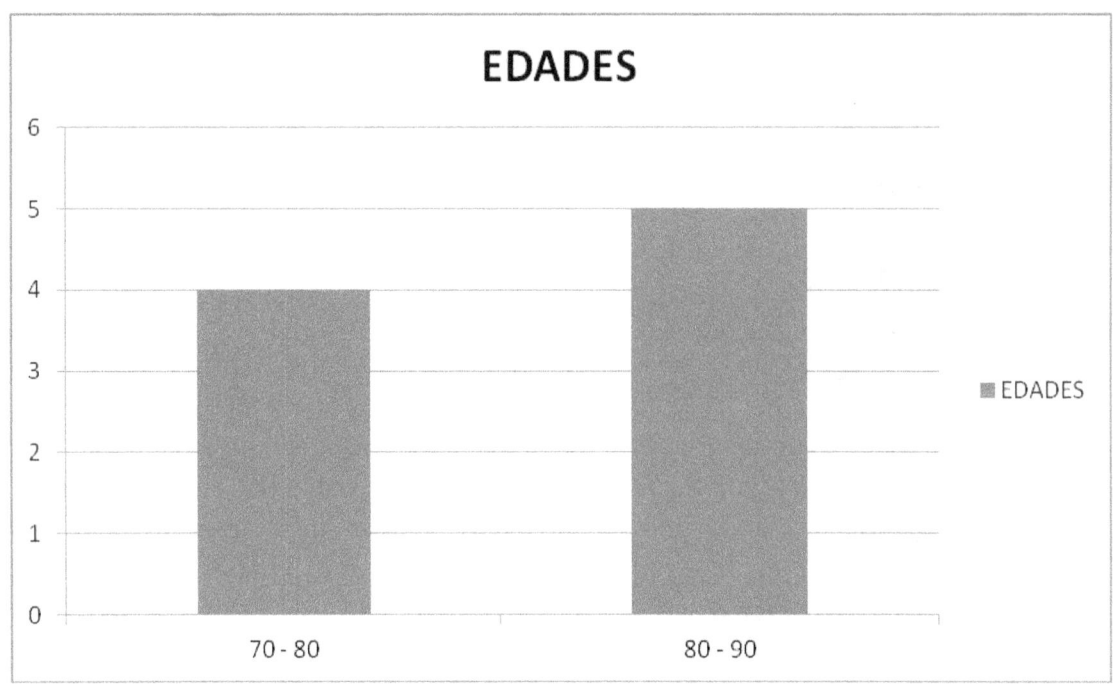

Las edades a las que se padece esta enfermedad son entre los 70 y 90 años, son edades ya avanzadas,

Gráfica Fumadores

No hay ningún paciente que sea fumador ni ex fumador, es muy extraño ya que los principales afectados por la enfermedad son las personas que fuman y que trabajan en ambientes contaminados y tiene mayor mortalidad entre los varones.

CAPÍTULO VIII
NEUROLOGIA

Es la rama de la medicina que trata los trastornos del sistema nervioso. Se ocupa de la prevención, tratamiento y rehabilitación de todas las enfermedades que incluyen al sistema nervioso central, el sistema nervioso periférico y el sistema nervioso autónomo, incluyendo sus envolturas, vasos sanguíneos y tejidos.

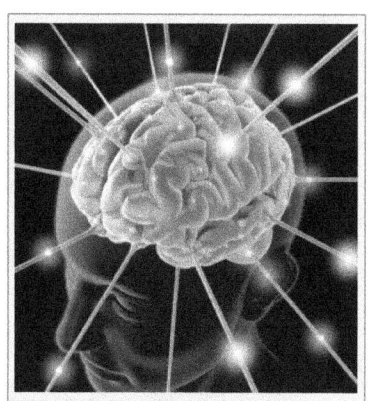

ENFERMEDAD	HOMBRE	MUJER	MEDIA AÑOS	FUMADOR
Oclusión de arteria cerebral con I.Cerebral	22	8	79	1
Infarto Cerebral	18	12	77	3
Embolia Cerebral	5	8	72	1
Hemorragias cerebrales	7	6	77	0
ACVA	4	4	67	0
Convulsiones	3	2	48	0
Afectación cognitiva	1	1	62	0
Cefalea	1	0	38	0
Hemiplejia	0	1	27	0
Alteración de la conciencia	1	0	73	0
Epilepsia	1	0	45	0
Edema Angioneurótico	1	0	84	0

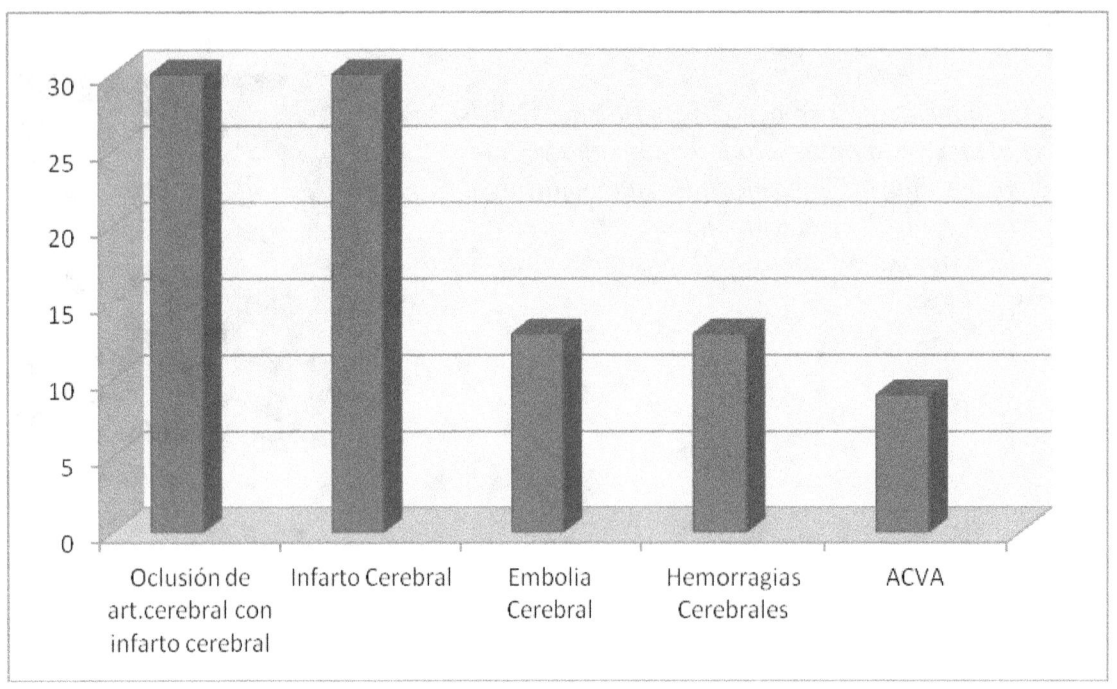

OCLUSIÓN DE ATERÍA CEREBRAL CON INFARTO CEREBRAL

Gráfica Sexos

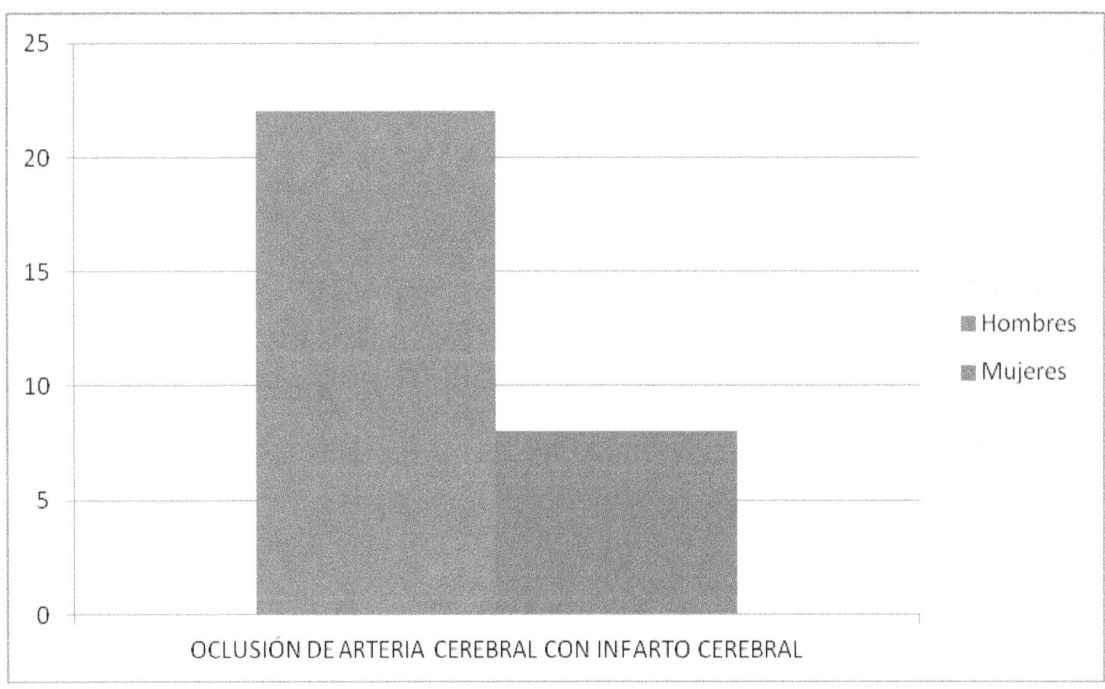

Hay más cantidad de hombres que sufren esta enfermedad.

Gráfica Edades

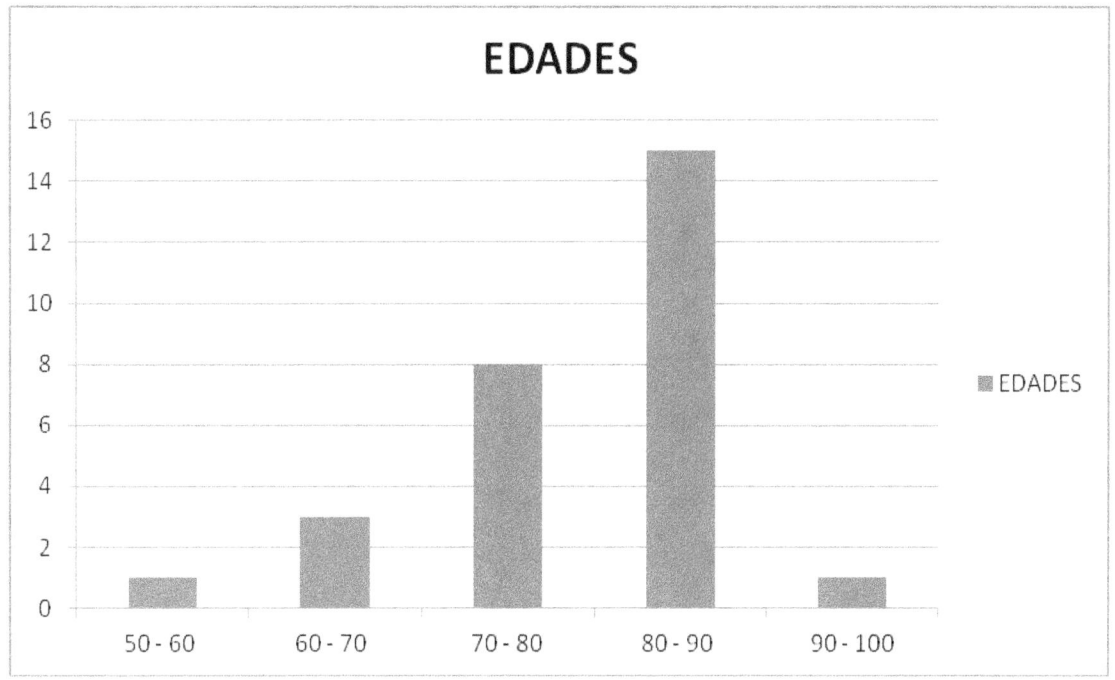

La edad media a la que se puede padecer esta enfermedad es a los 79 años, sin embargo la edades que más abundan se encuentran entre 80 y 90 años.

Gráfica Fumadores

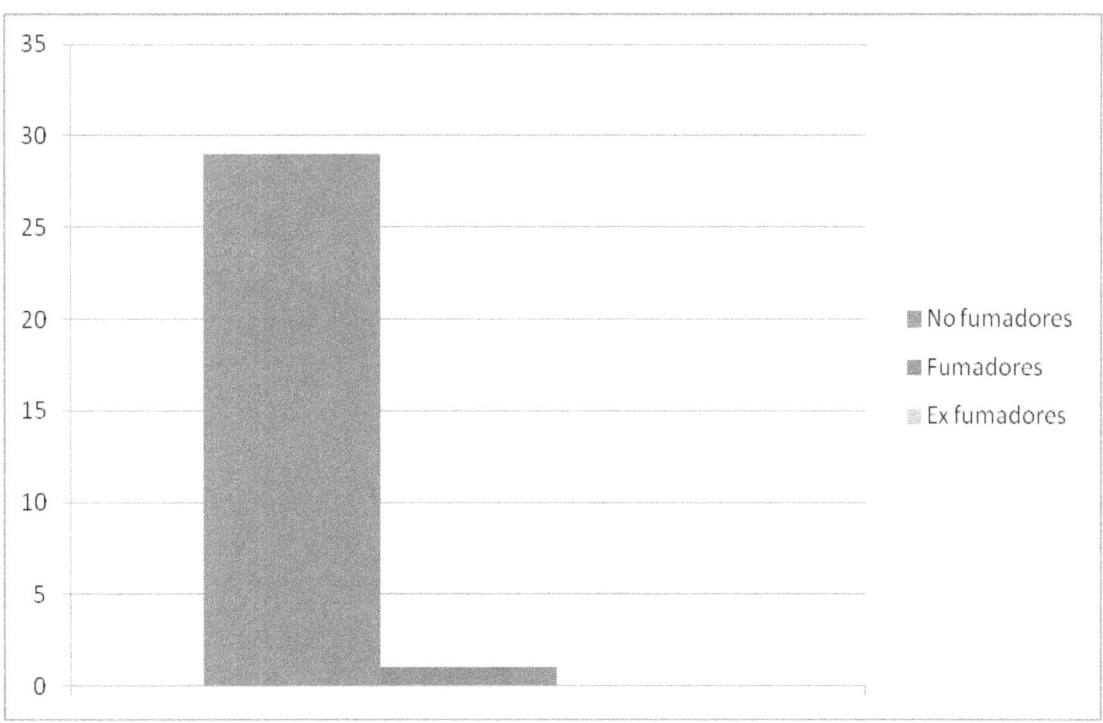

Solo hay una persona que fuma.

INFARTO CEREBRAL

Gráfica Sexos

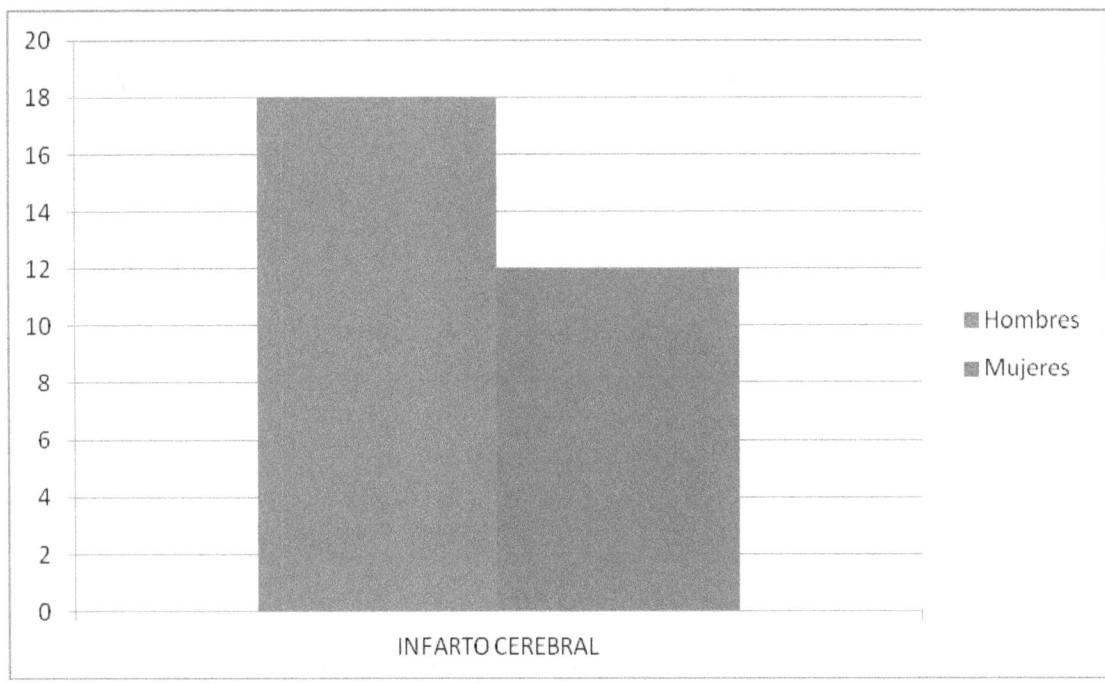

Como en la mayoría de las enfermedades, el infarto cerebral lo padecen más cantidad de hombres que de mujeres.

Gráfica Edades

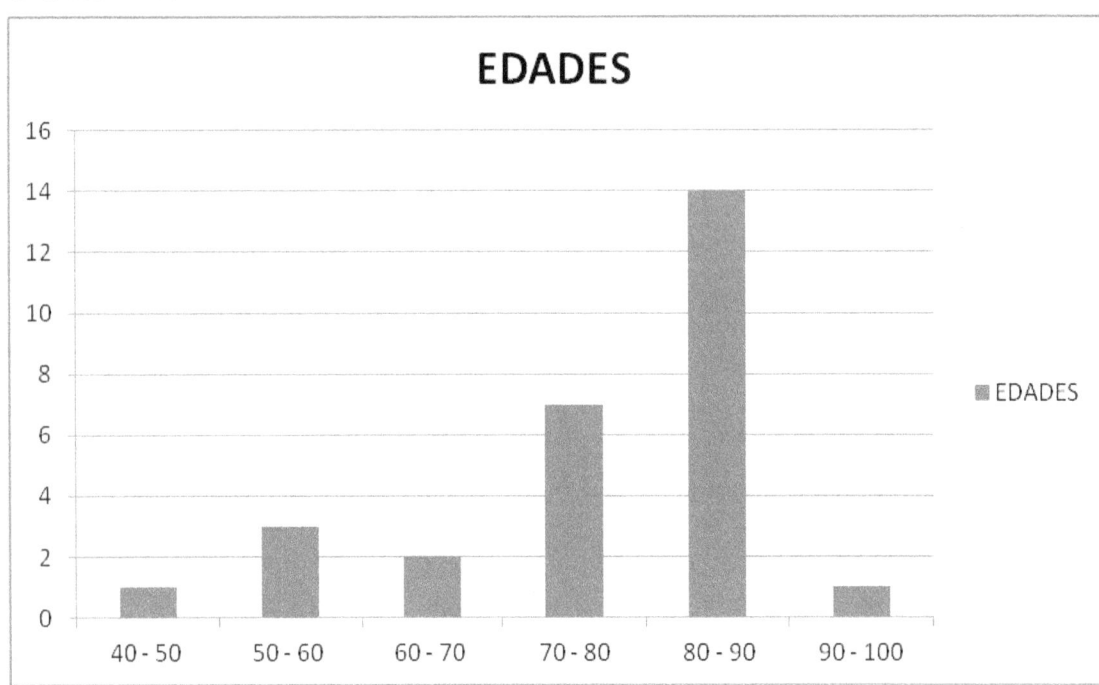

La edad media es de 77 años.

Gráfica Fumadores

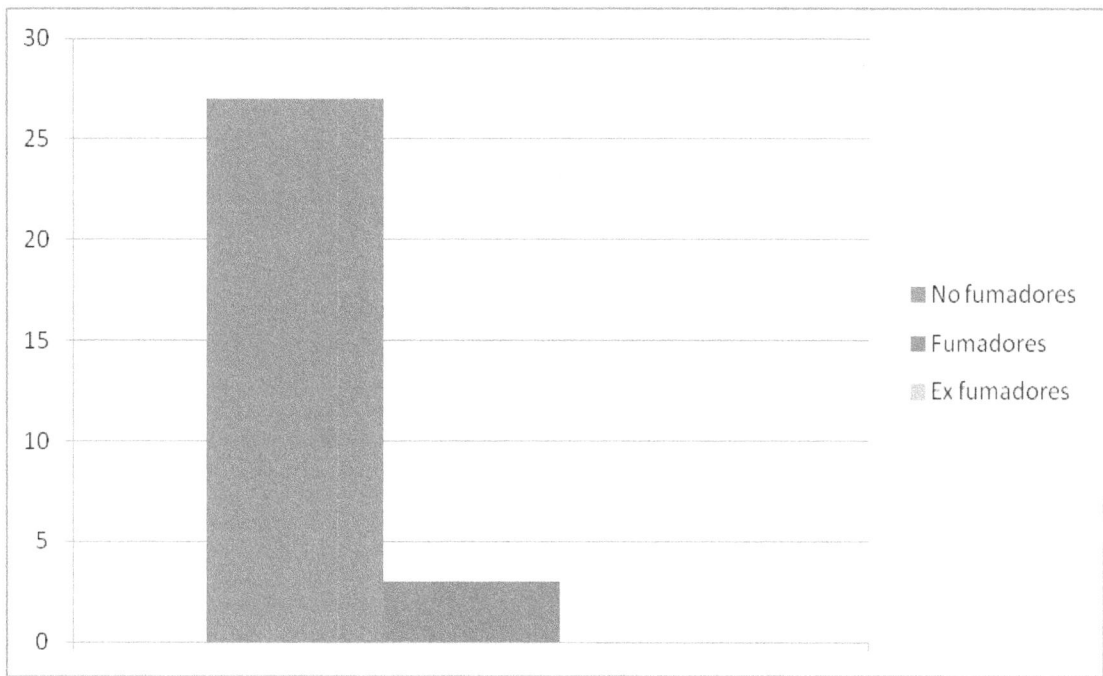

Hay varias personas que fuman pero no hay ningún ex fumador.

EMBOLIA CEREBRAL

Gráfica Sexos

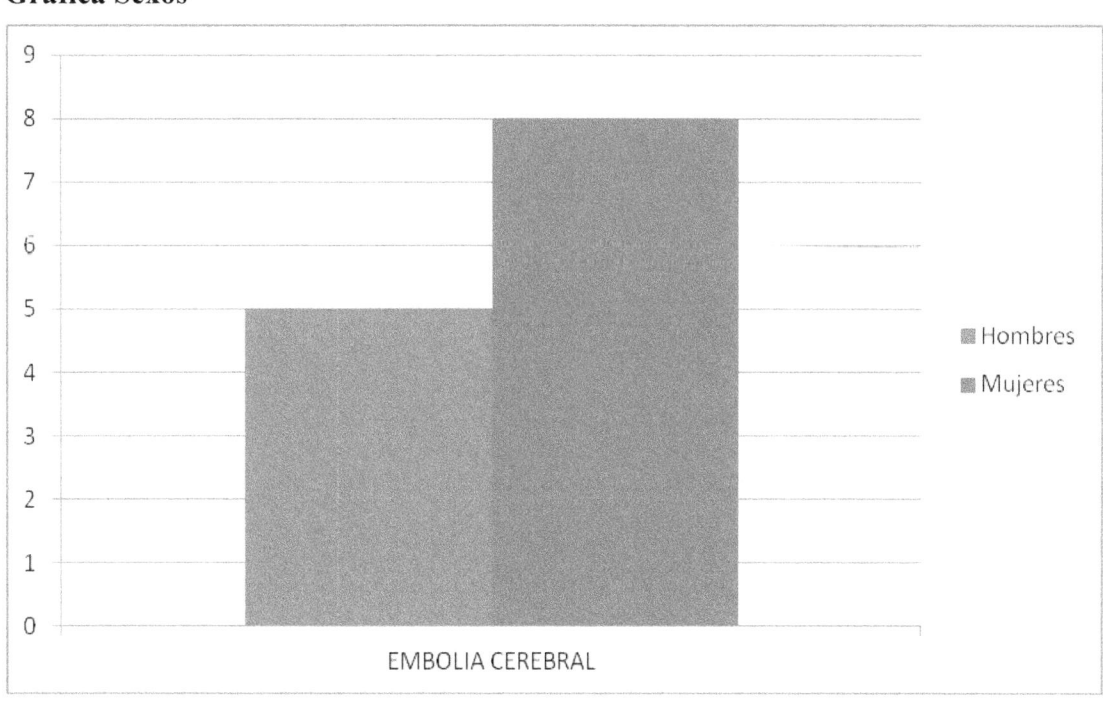

En la embolia cerebral hay una diferencia con respecto de las demás enfermedades ya que es el único caso en el que hay más cantidad de mujeres que sufren una embolia cerebral que hombres.

Gráfica Edades

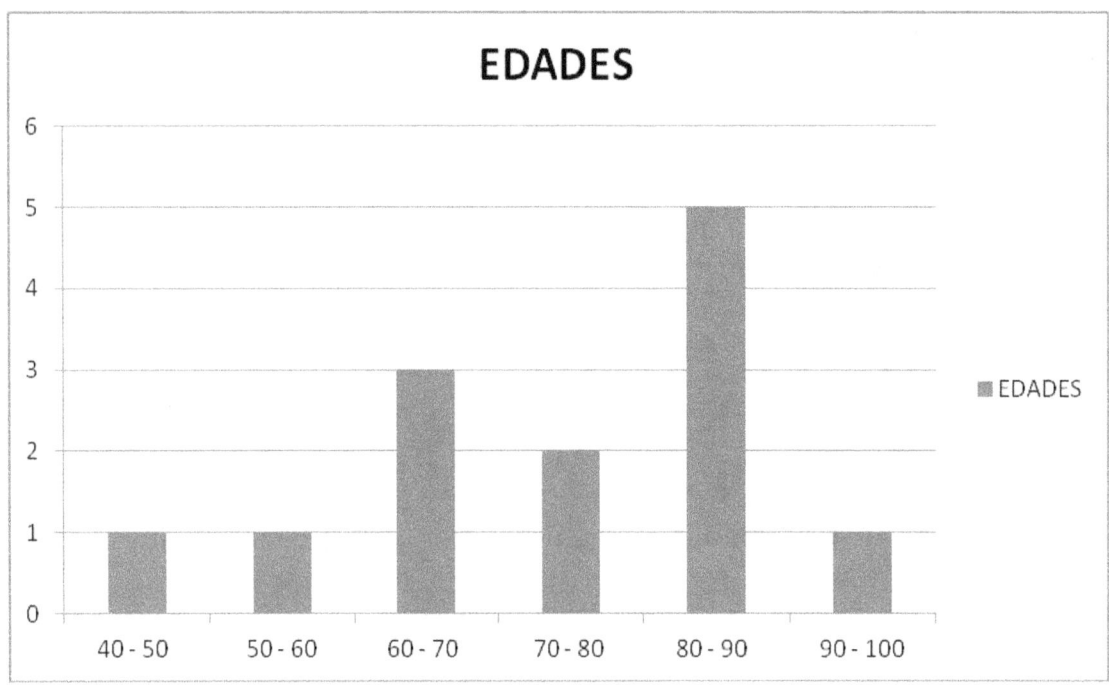

La edad media a la que se sufre una embolia cerebral es a los 72 años, aunque las edades que más abundan se encuentran entre 60 y 70 y entre 80 y 90 años.

Gráfica Fumadores

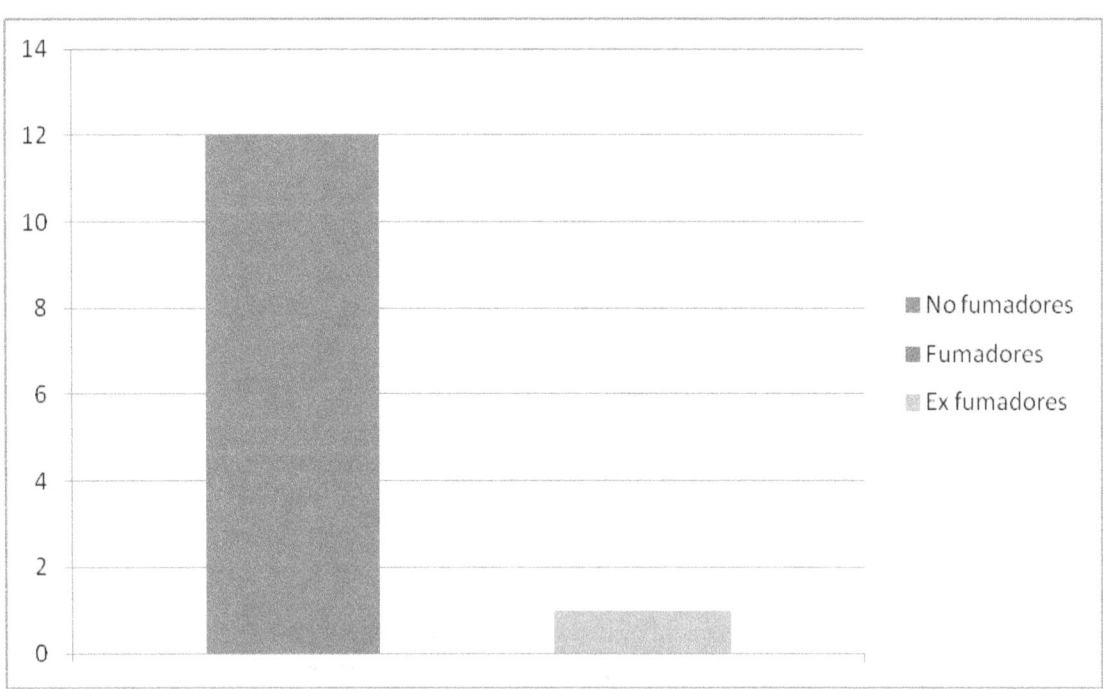

En la actualidad no hay personas que fumen, pero anteriormente si había una persona que fumaba.

HEMORRAGIAS CEREBRALES

Gráfica Sexos

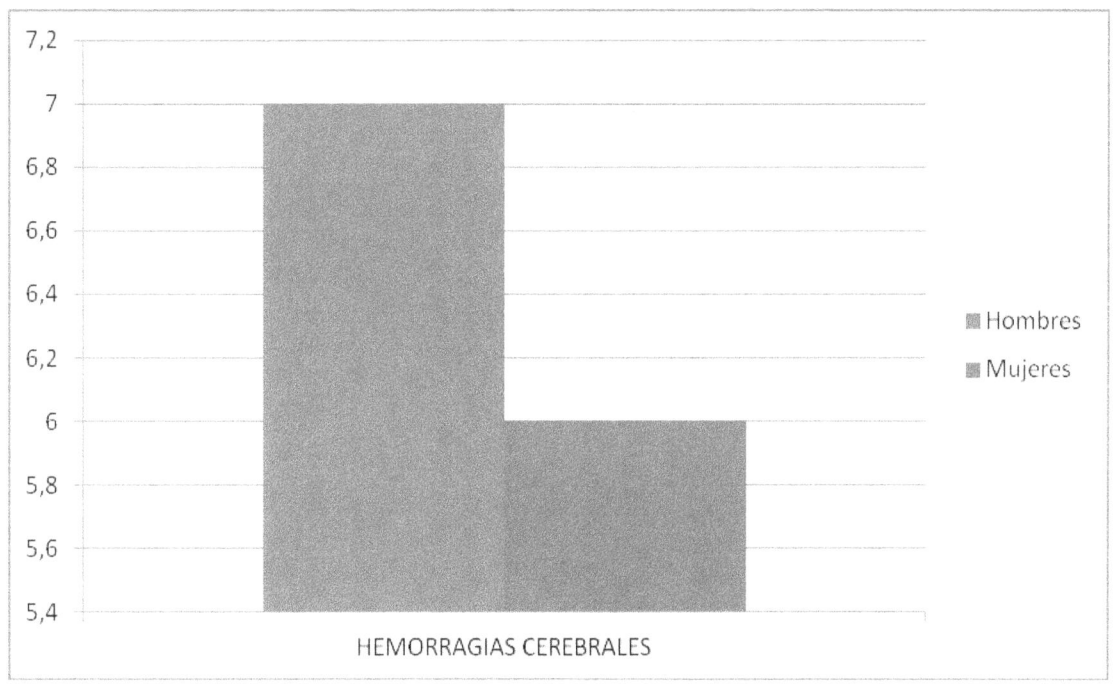

En las hemorragias cerebrales están incluidas las hemorragias subdurales, las hemorragias subaracnoideas y las hemorragias intracerebrales.

Predominan los hombres a diferencia de las mujeres.

Gráfica Edades

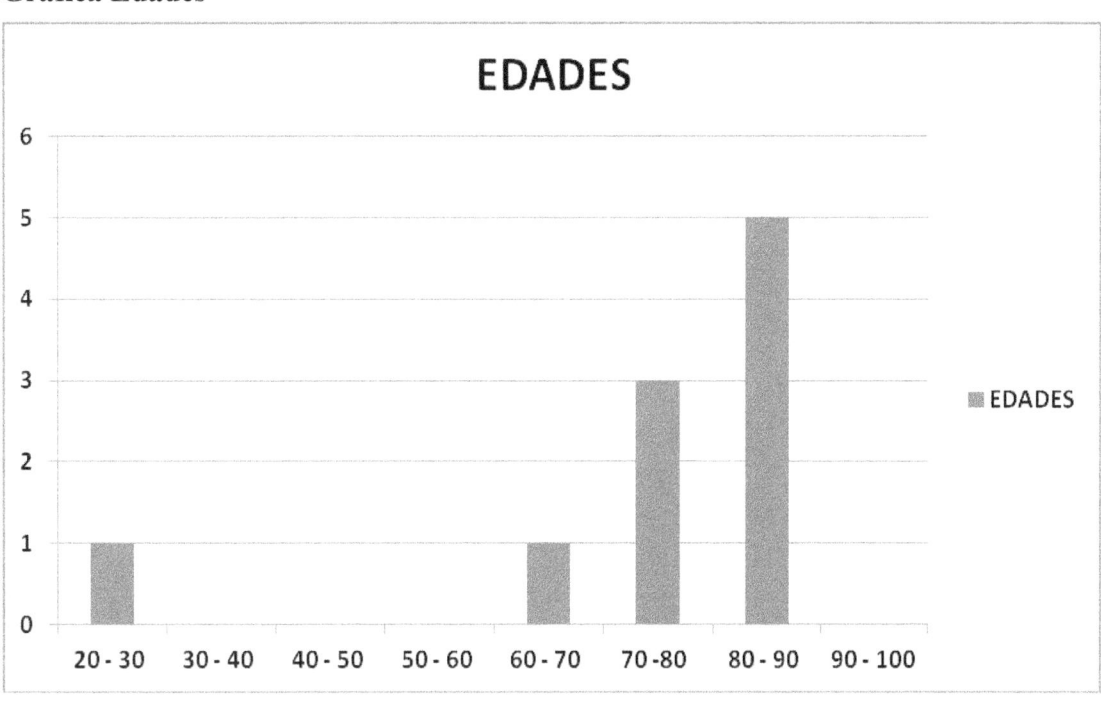

La edad media es de 77 años. La edad más baja es de 23 años aunque en estas edades no se suelen tener hemorragias cerebrales a no ser debido a un accidente de tráfico como puede ser en este caso de 23 años.

La edad más abundante se encuentra entre 80 y 90 años.

Gráfica Fumadores

No hay personas que fumen que tengan en esta enfermedad.

ACVA

Gráfica Sexos

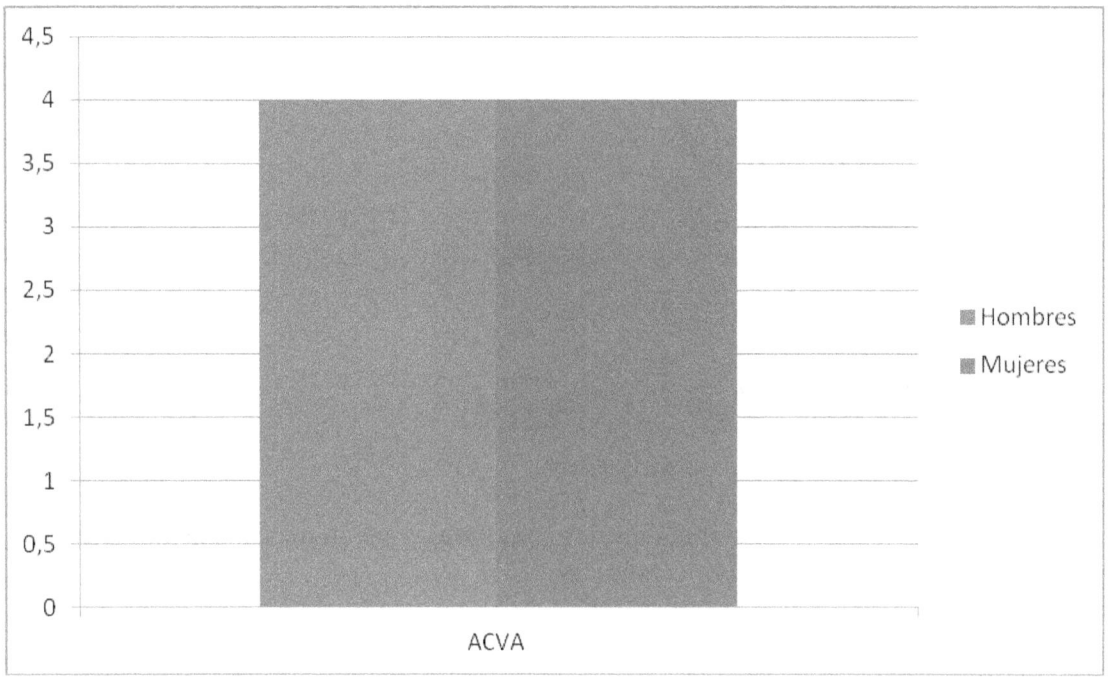

En este caso hay el mismo número de hombres que de mujeres que sufren esta enfermedad

.Gráfica Edades

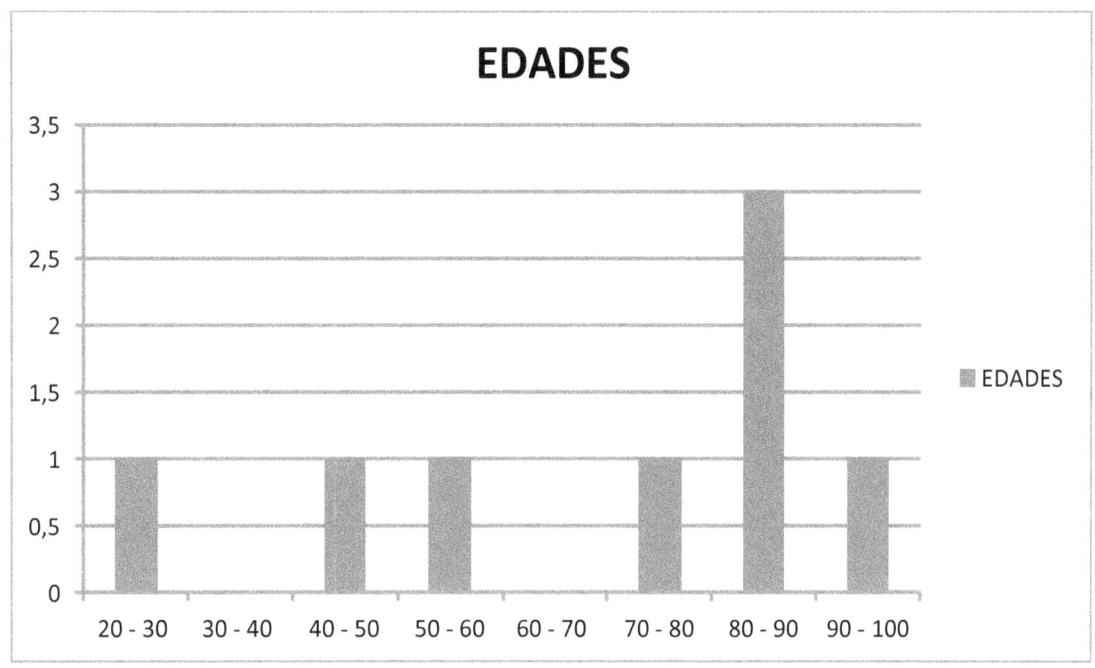

Gráfica Fumadores

No fuman ninguno de estos pacientes

CAPÍTULO I X
GASTROENTEROLOGÍA

Es la especialidad médica que se ocupa de todas las enfermedades del esófago, el estómago, el hígado, las vías biliares, el páncreas y los intestinos grueso y delgado, es decir, estudia todas las enfermedades relacionadas con el aparato digestivo.

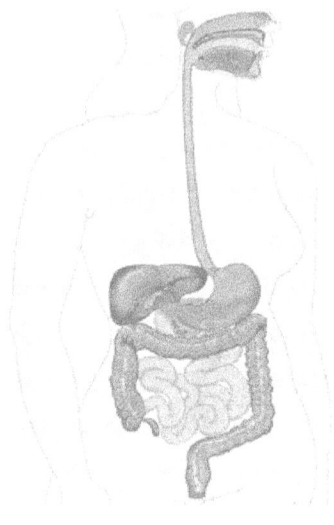

ENFERMEDAD	HOMBRE	MUJER	MEDIA AÑOS	FUMADOR
Pancreatitis	13	9	78	0
Sangre en Heces	15	5	70	2
Cirrosis Hepática	14	5	62	4
Coma Hepático	10	2	66	0
Úlcera Gástrica	7	1	59	0
Gastroenteritis	3	5	64	0
Hemorragia Rectal y Anal	6	1	81	1
Cálculos Vesícula	3	3	66	0
Diverticulosis de Colon	1	4	77	0
Colitis Ulcerativa	4	1	59	0
Ulcera Duodenal	1	4	84	0
Diarrea	2	2	56	0
Hematemesis	3	1	75	1
Enfermedad Hepática	3	0	75	1
Gastritis	1	2	77	0
Síndrome de laceración hemorrágica gastroesofágica	3	1	52	0
Obstrucción intestinal	1	2	77	0
Hemorragia Intestinal	2	0	67	0
Dolor abdominal	2	0	31	0
Insuficiencia vascular intestino	2	0	78	0
Esofagitis	2	0	49	0
Angioplastia de colon	2	0	80	0
Colangitis	0	1	96	0
Colecistitis	1	0	83	0
Alteración Intestinal	0	1	31	0

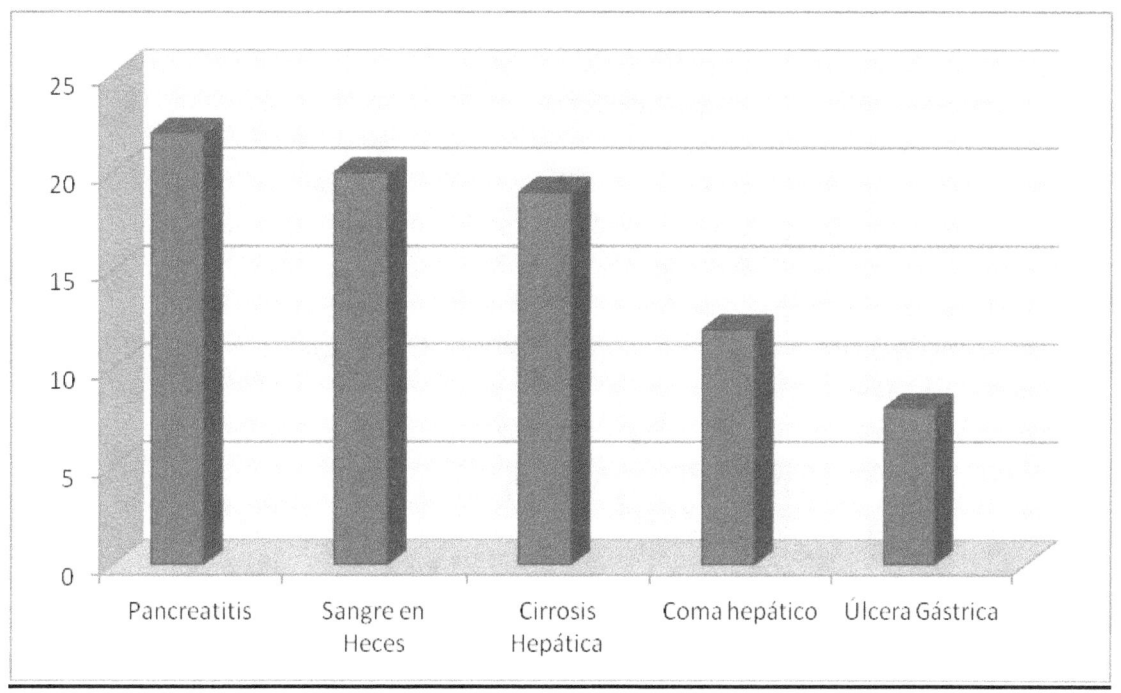

PANCREATITIS

Gráfica Sexos

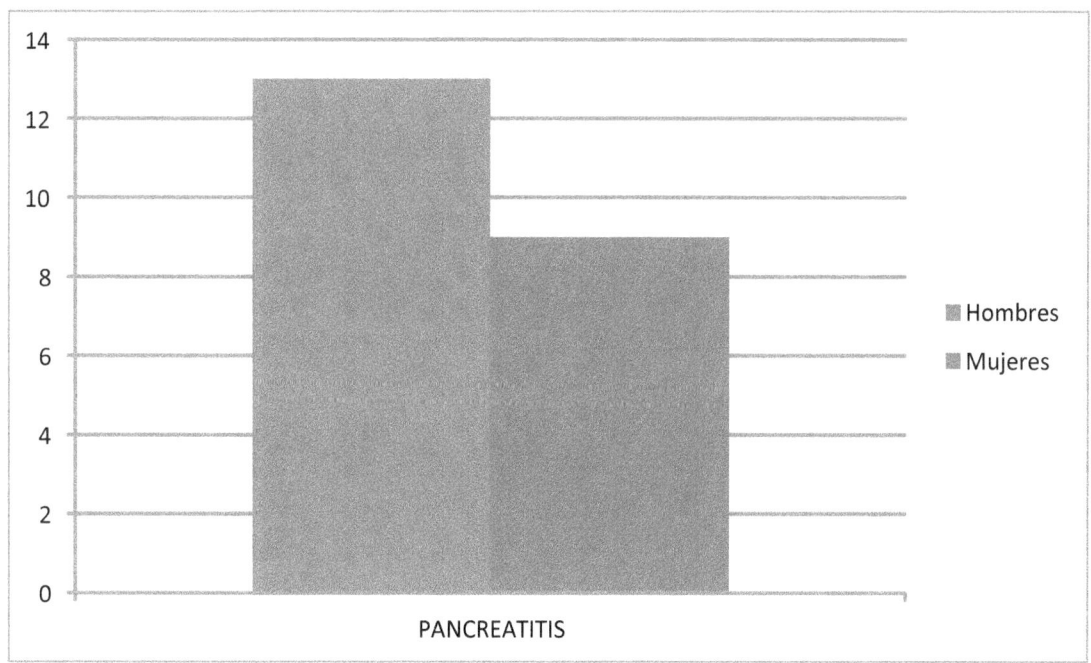

Hay una mayor cantidad de hombres que de mujeres.

Gráfica Edades

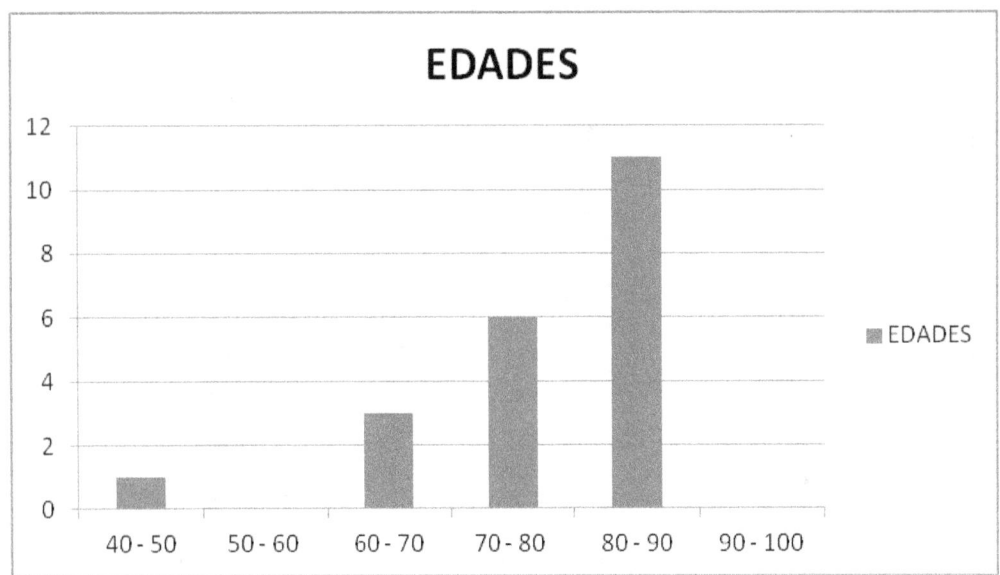

La edad media a la que se puede sufrir una pancreatitis es de 78 años. Aunque puede haber casos en los que se de entre 40 y 50 años o en edades más bajas que la edad media debido a la abundante ingesta de grasas y al abuso del alcohol.

Gráfica Fumadores

No hay fumadores

SANGRE EN HECES

Gráfica Sexos

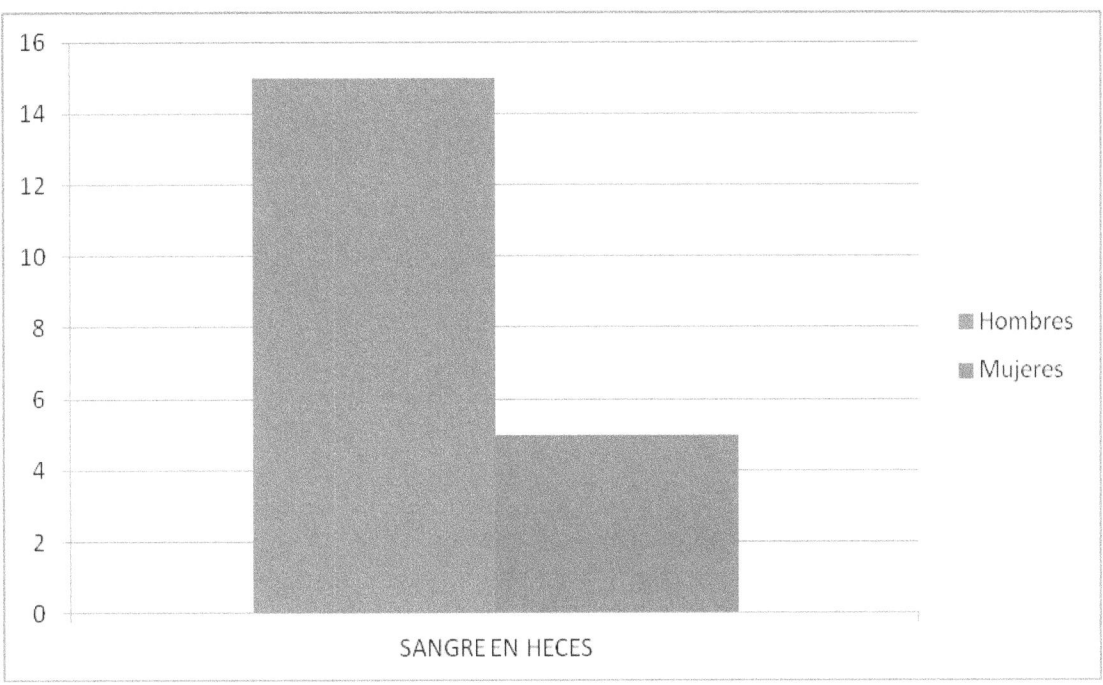

Hay más hombres que mujeres.

Gráfica Edades

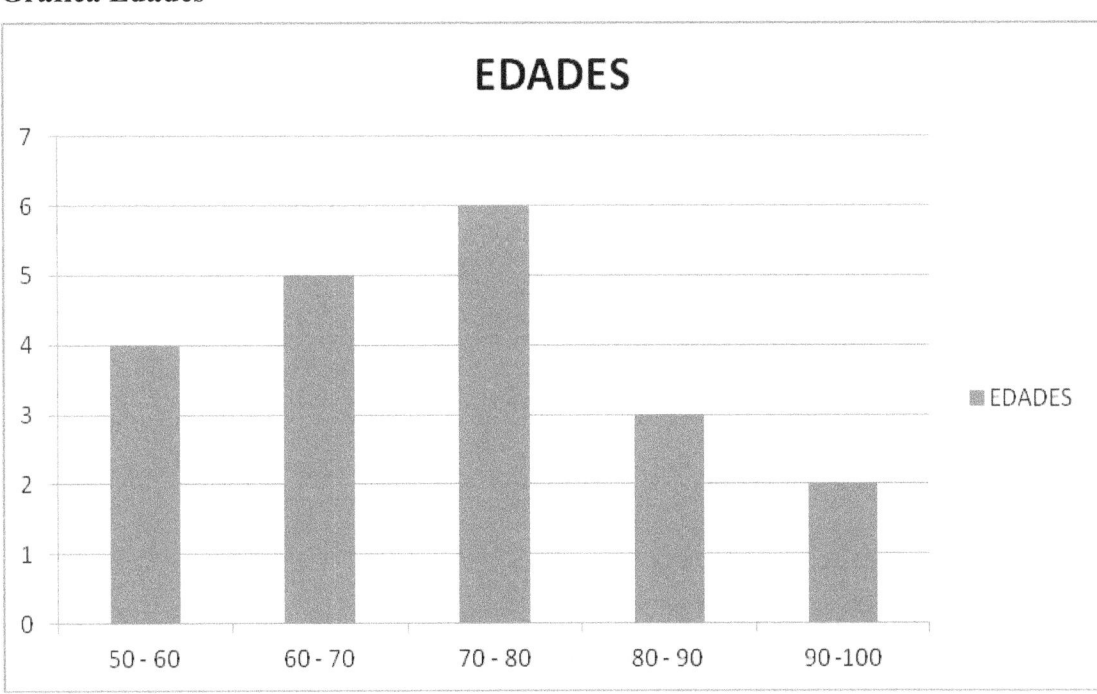

La edad media es de 70 años y las edades que más abundan se sitúan entre 70 y 80 años.

Gráfica Fumadores

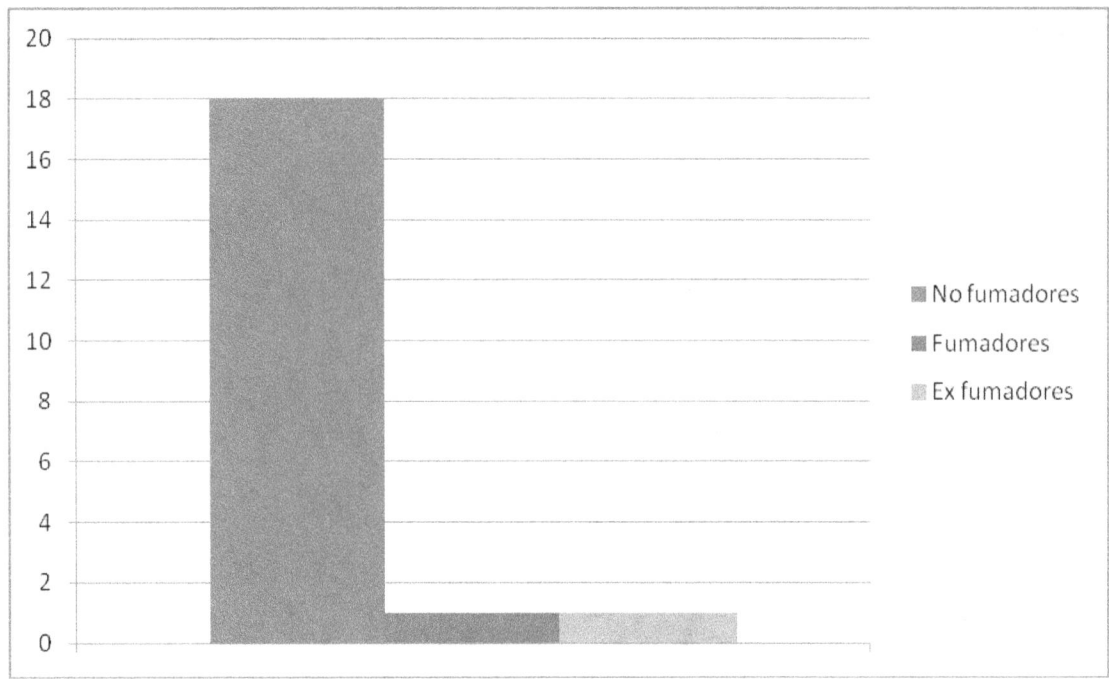

Hay 2 fumadores y 2 ex fumadores y el resto de personas ingresadas por sangre en heces no fuman

CIRROSIS HEPÁTICA

Gráfica Sexos

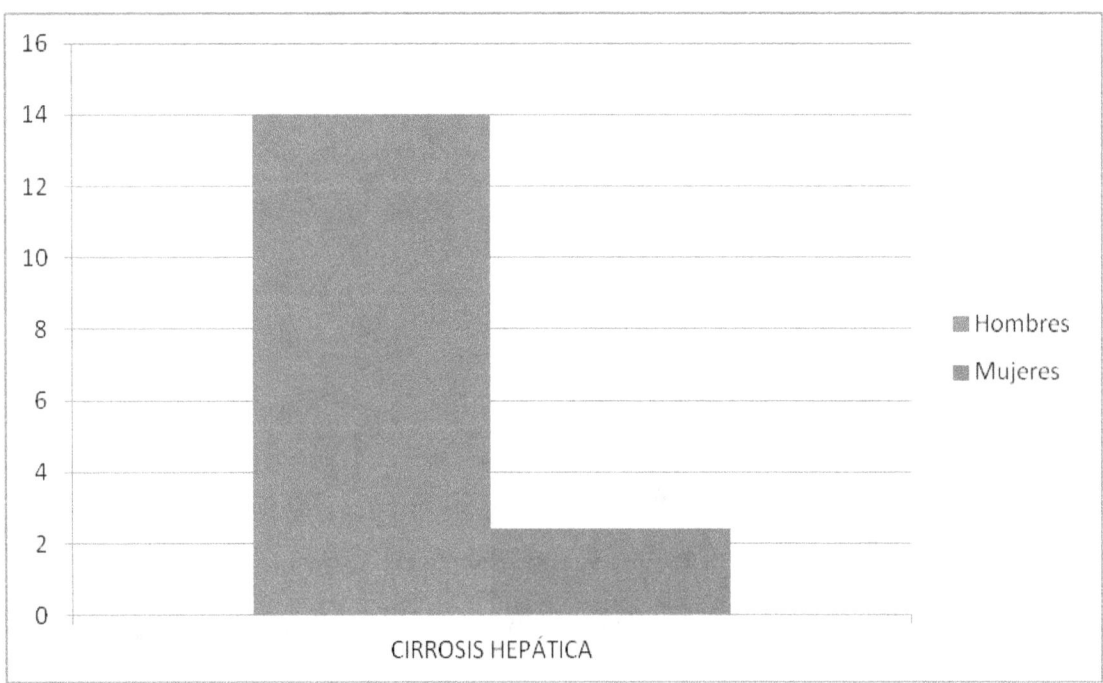

Hay una cantidad notable mayor de hombres que de mujeres que sufren cirrosis hepática, ya que normalmente los hombres beben más alcohol que las mujeres.

Gráfica Edades

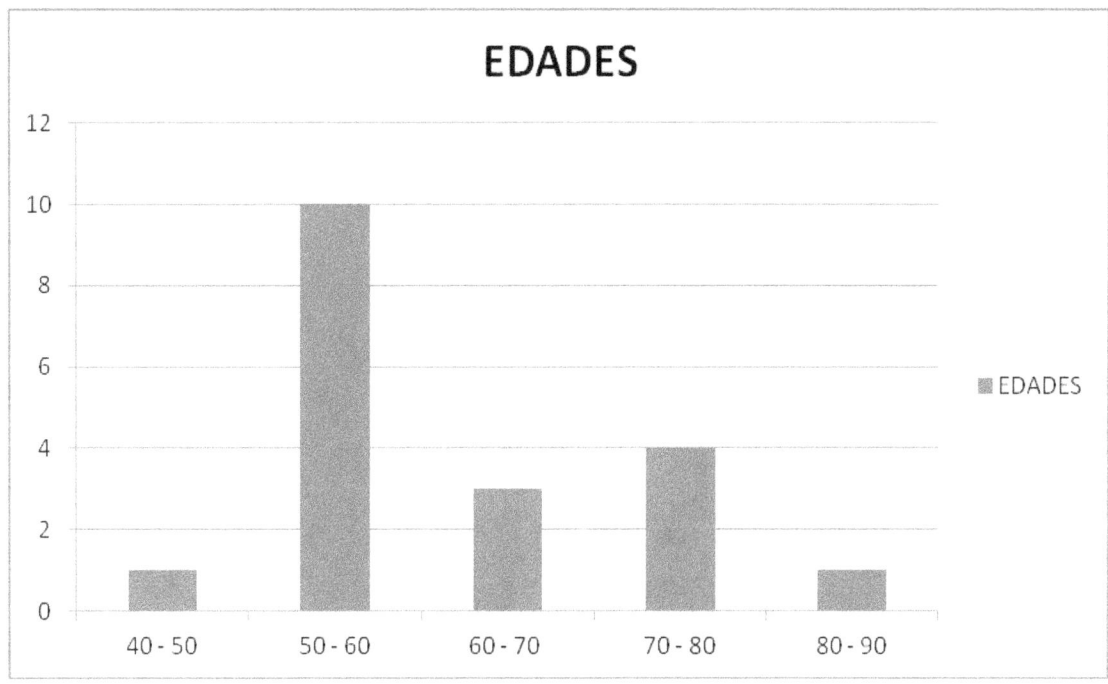

En esta enfermedad las edades a las que se padece son muy bajas.

Gráfica Fumadores

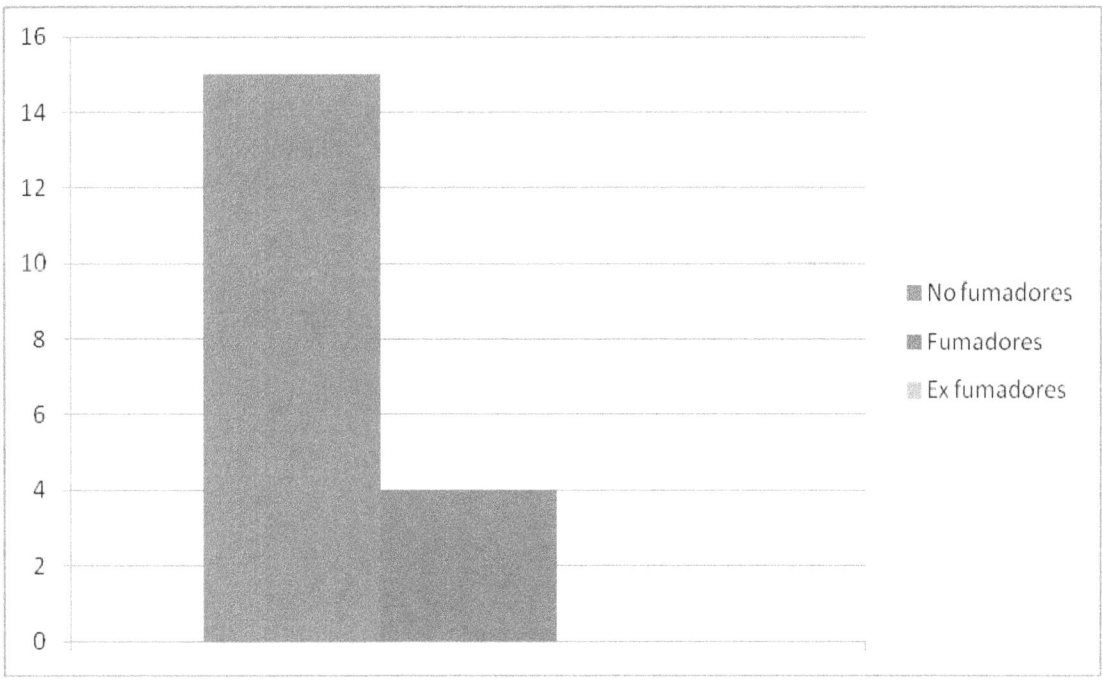

Hay 4 personas que fuman las demás no fuman.

COMA HEPÁTICO

Gráfica Sexos

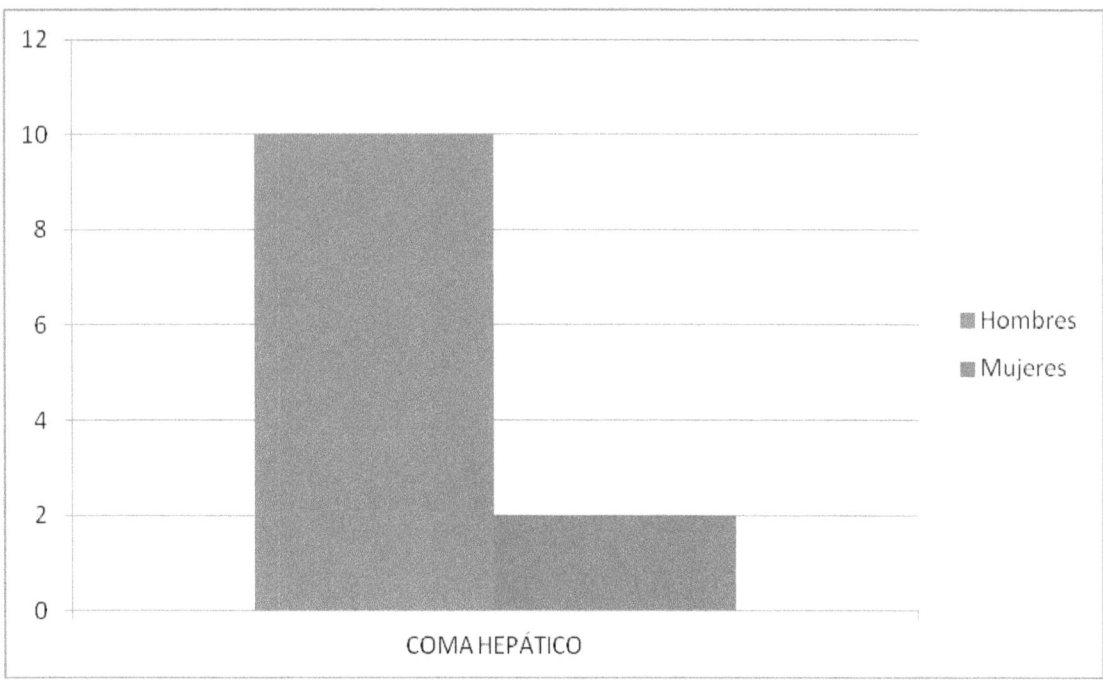

Hay una mayor cantidad de hombres que de mujeres que sufren coma hepático.

Gráfica Edades

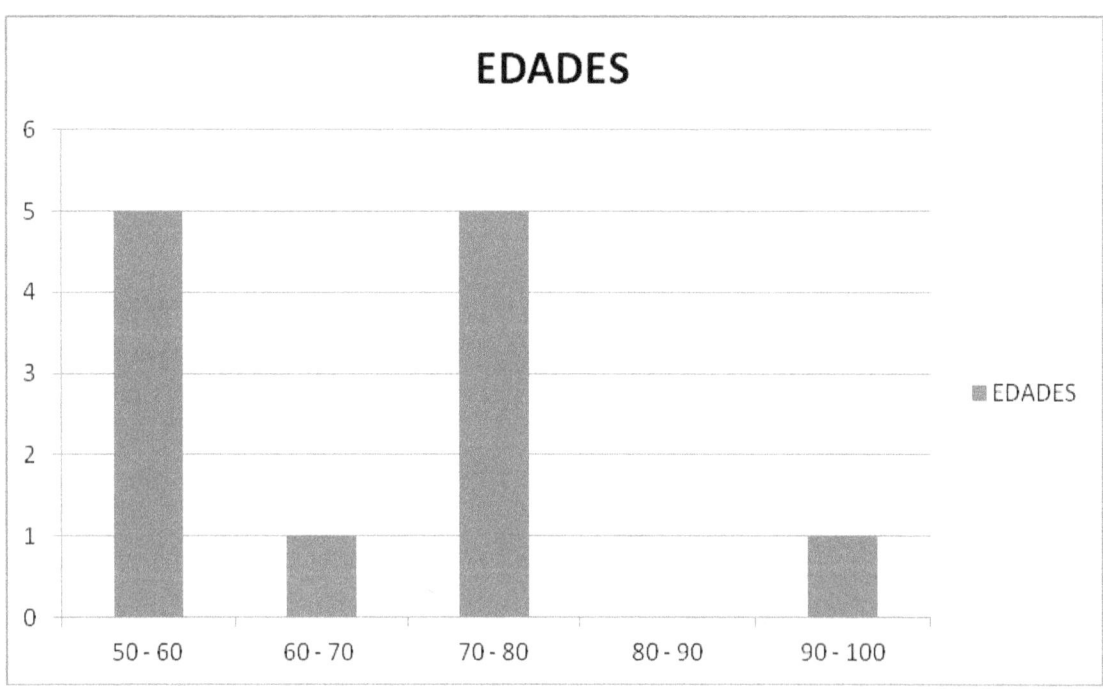

La edad media es de 66 años, una edad muy baja.

Las edades que más abundan se encuentran entre 50 y 60 años y entre 70 y 80 años.

Gráfica Fumadores

No hay

ÚLCERA GÁSTRICA

Gráfica Sexos

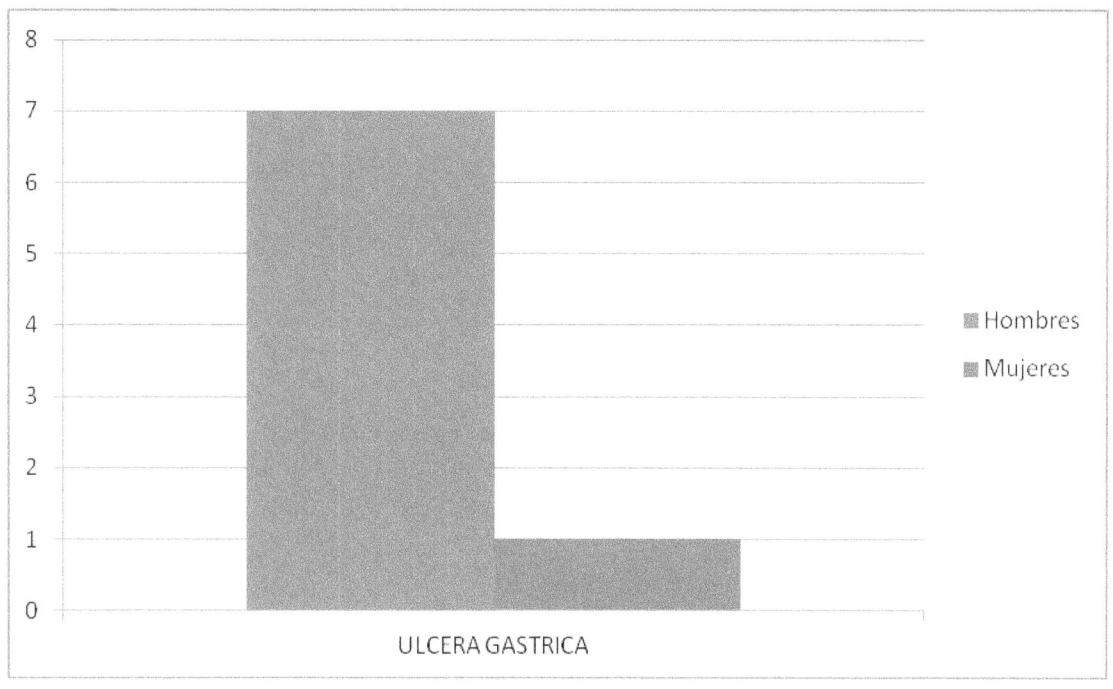

Hay muchos más hombres que padecen ulcera gástrica que mujeres.

Gráfica Edades

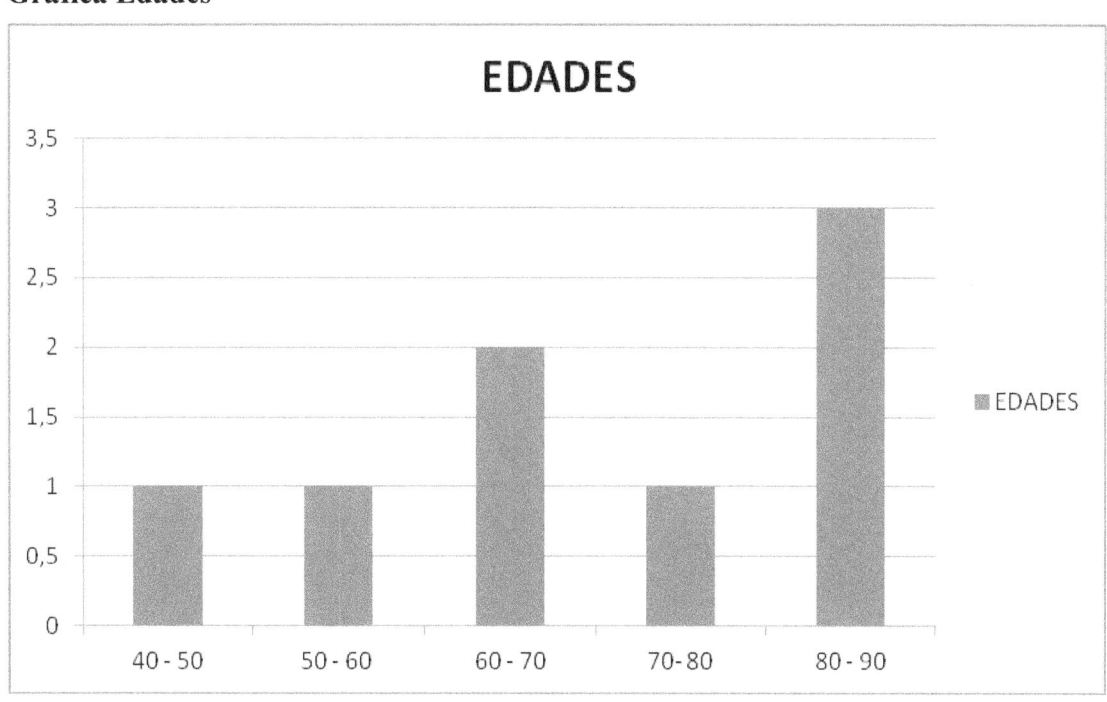

La edad media es de 59 años, esto es debido a la ingesta abundante de grasas y al abuso de alcohol y tabaco.

Gráfica Fumadores

No hay

CAPÍTULO X
EXITUS

De las 1000 personas que han ingresado durante los meses que hemos escogido en el servicio de medicina interna, han sido éxitus 255, repartidos en 150 hombres y 105 mujeres.

Personas en total	Personas que siguen vivas	Éxitus
1000	745	255
100 %	74'5 %	25'5 %

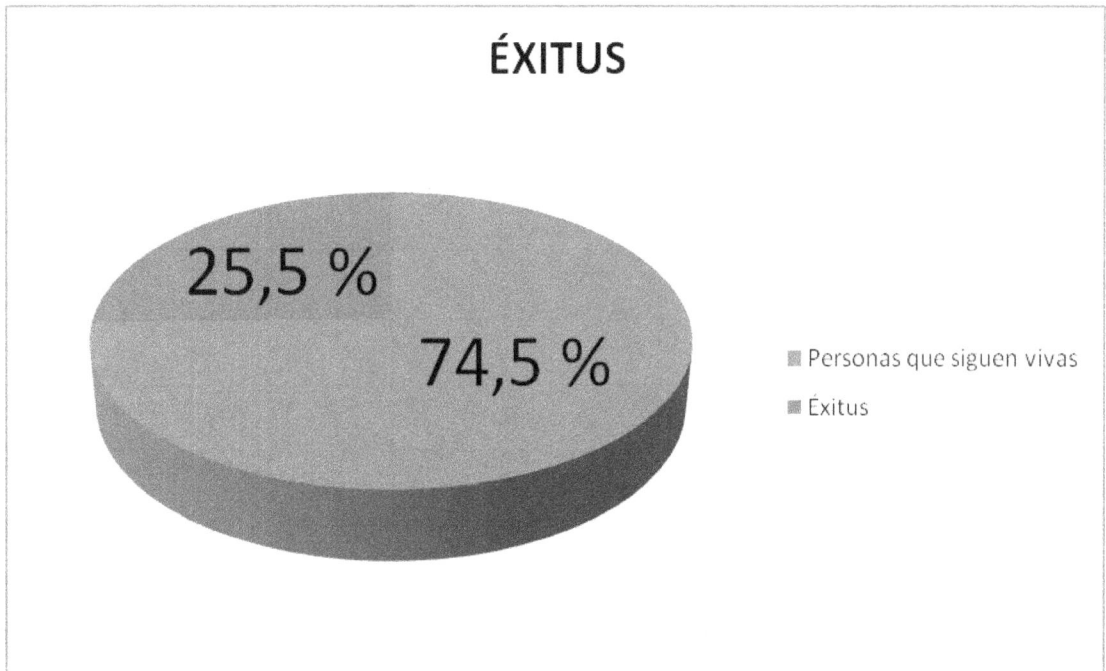

Las enfermedades más comunes por las que han muerto los pacientes han sido:

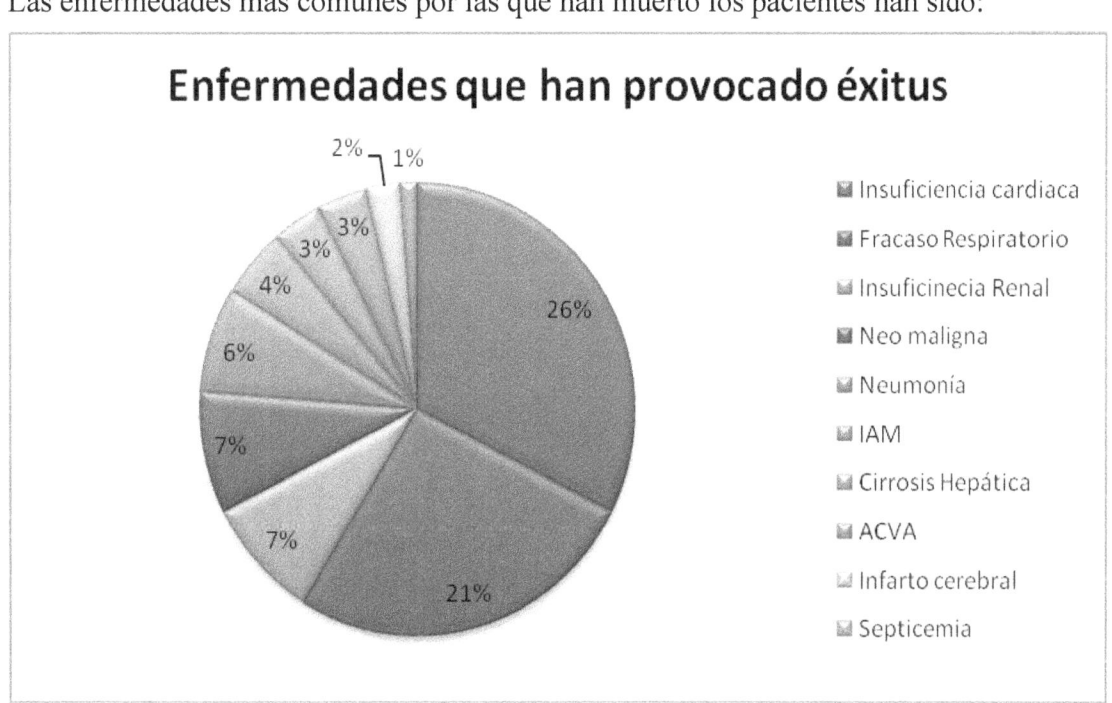

Aquí se muestran un 80 % de las muertes, el otro 20 % no se muestra ya que las más comunes eran estas 10 enfermedades y de las demás enfermedades además de ser poco frecuentes había muy pocas personas que habían muerto a causa de ellas por ello hemos decidido poner estas que son las más frecuentes en este servicio.

Según el estudio que hemos realizado, podemos comprobar que la mayor causa de muerte es la insuficiencia cardíaca (56 personas aproximadamente) y por la enfermedad que menos personas han muerto ha sido la septicemia (4 personas aproximadamente).

ÉXITUS POR SEXO

ENFERMEDADES	TOTAL	HOMBRES	MUJERES
Insuficiencia Cardíaca	56	27	29
Fracaso Respiratorio	31	22	9
Insuficiencia Renal	19	8	11
Neoplasia Maligna	19	13	6
Neumonía	17	12	5
IAM	11	7	4
Cirrosis Hepática	9	6	3
ACVA	8	4	4
Infarto Cerebral	6	4	2
Septicemia	4	2	2

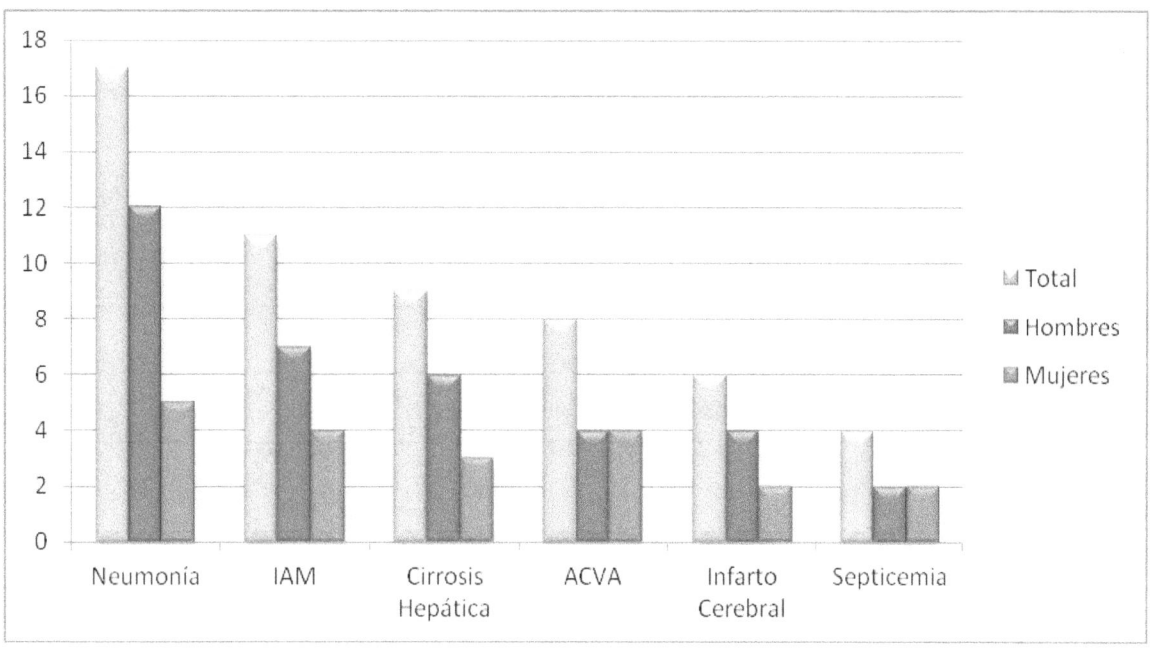

En la mayoría de los casos mueren más cantidad de hombres que de mujeres salvo en el caso de la insuficiencia cardíaca y de la insuficiencia renal.

Mueren la misma cantidad de hombres que de mujeres en el Accidente Cerebrovascular Agudo y en la Septicemia.

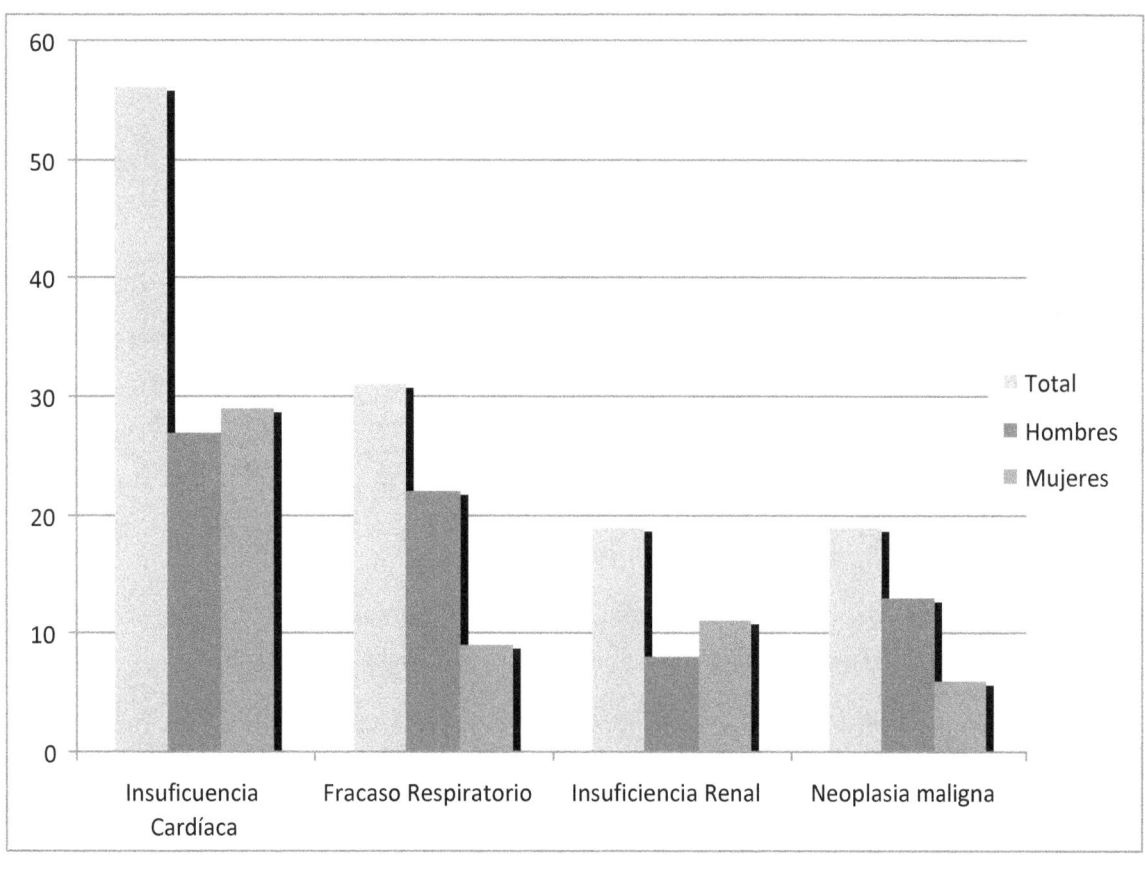

ÉXITUS POR EDADES

ENFERMEDADES	MEDIA DE EDADES TOTAL	MEDIA DE HOMBRES	MEDIA DE MUJERES
Insuficiencia Cardíaca	84	79	83
Fracaso Respiratorio	83	83	82
Insuficiencia Renal	83	82	84
Neoplasia Maligna	78	77	71
Neumonía	83	81	86
IAM	81	82	80
Cirrosis Hepática	66	63	72
ACVA	81	81	82
Infarto Cerebral	78	75	85
Septicemia	64	65	64

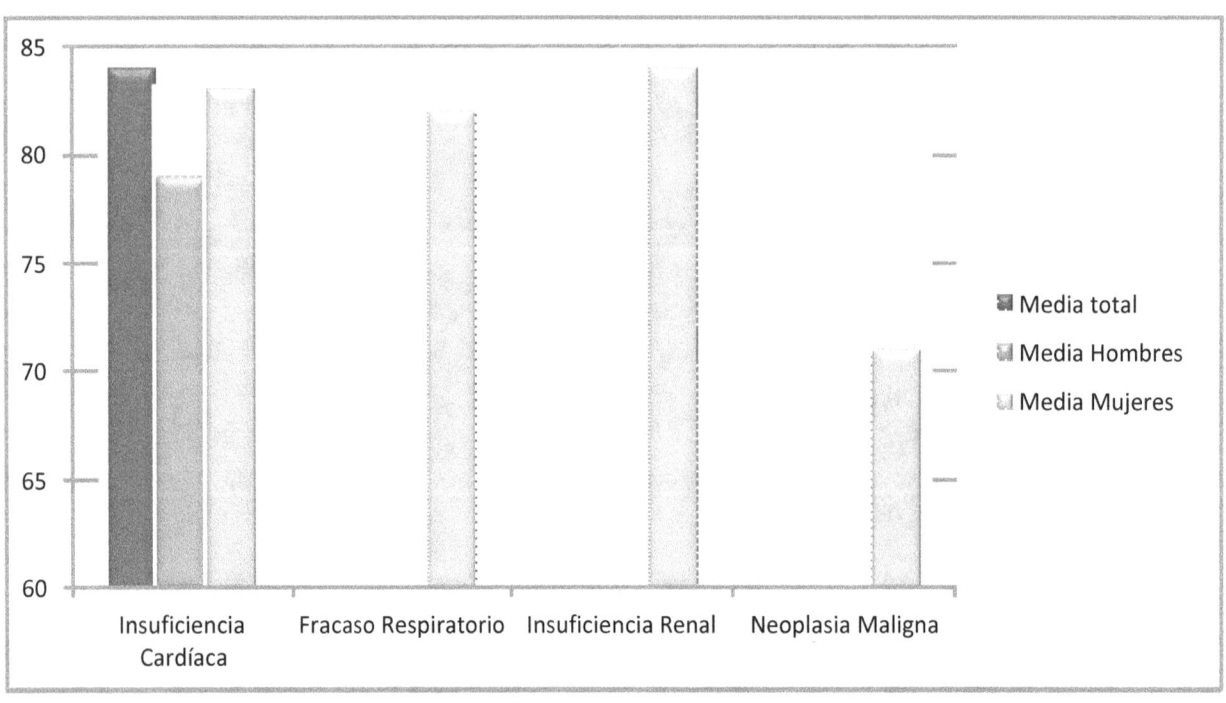

La edad media aproximada por la que muere un paciente en el servicio de medicina interna es de 78 años.

En la cirrosis hepática y en la septicemia, la edad media de defunción es muy baja, esto es debido a que en el caso de la cirrosis hepática el abuso de alcohol puede estar provocado por problemas familiares o económicos, situaciones que normalmente se dan en personas adultas y en el caso de la septicemia porque se trata de una infección muy grave que tiene su inicio en una infección local, y esa infección se puede tener a cualquier edad.

En la insuficiencia cardiaca y renal, neumonía, cirrosis e infarto cerebral los hombres se mueren con edades más bajas que las mujeres.

En cambio en el fracaso respiratorio, en la neoplasia maligna, en el Infarto Agudo de Miocardio y en la Septicemia las mujeres mueren con edades más bajas que los hombres.

BIBLIOGRAFÍA

- **Explotación de datos del CMBD del año 2010, del Hospital "San Juan de La Cruz" de Úbeda (Jaén).**
- **Organización Mundial de la Salud.**
- **Wikipedia.**

www.ingramcontent.com/pod-product-compliance
Lightning Source LLC
Chambersburg PA
CBHW081049170526
45158CB00006B/1912